U0820842

利国利民　造福子孙

功在当代　利在千秋

水中机器人（机器鱼）教育全局视觉系列教材

多机器鱼协作系统

编著　谢广明　何宸光

HEUP 哈尔滨工程大学出版社

内容简介

多机器鱼系统是中国素质体育机器人运动会水中专项运动全局视觉组竞赛项目所指定的标准竞赛器械和软件、硬件系统。本书全面系统地介绍了多机器鱼协作系统的整体结构、机械结构、硬件系统、运动控制与优化等内容。本书适用于参加中国素质体育机器人运动会水中专项运动全局视觉组竞赛项目的所有教练员、裁判员和运动员，也适合机器人爱好者参考学习。

图书在版编目（CIP）数据

水中机器人（机器鱼）教育全局视觉系列教材. 多机器鱼协作系统/谢广明，何宸光编著. —哈尔滨：哈尔滨工程大学出版社，2013.7

ISBN 978-7-5661-0615-5

Ⅰ. ①水… Ⅱ. ①谢… ②何… Ⅲ. ①海洋机器人-竞赛-教材 Ⅳ. ①TP242

中国版本图书馆 CIP 数据核字（2013）第 148169 号

出版发行 哈尔滨工程大学出版社
社　　址 哈尔滨市南岗区东大直街 124 号
邮政编码 150001
发行电话 0451-82519328
传　　真 0451-82519699
经　　销 新华书店
印　　刷 哈尔滨市石桥印务有限公司
开　　本 787mm×960mm 1/16
印　　张 7
字　　数 94 千字
版　　次 2013 年 7 月第 1 版
印　　次 2013 年 7 月第 1 次印刷
定　　价 20.00 元
http：//www. hrbeupress. com
E-mail：heupress@hrbeu. edu. cn

水中机器人(机器鱼)教育全局视觉系列教材

编审委员会

编委会主任：何宸光

编　委　会：晓　敏　韩立群　冀运熙　张　怡

邢小泉　秦吉宏　白　洁　乔　雷

滕兆勇

前言

江泽民同志指出：科学技术是第一生产力。振兴经济首先要振兴科技。只有坚定地推进科技进步，才能在激烈的竞争中取得主动。当前，我国经济正面临着加速发展、调整结构、提高效益的重大任务，尤其需要全社会提高科技意识，多方面增加科技投入，真正依靠科技进步。科技工作要面向经济建设主战场，在开发研究、高新技术及其产业、基础性研究这三个方面合理配置力量，确定各自攀登高峰的目标。在世界高科技领域中，中华民族要占有应有的位置。通过深化改革，建立和完善科技与经济有效结合的机制，加速科技成果的商品化和向现实生产力转化。不断完善保护知识产权的制度。认真抓好引进先进技术的消化、吸收和创新。努力提高科技进步在经济增长中所占的含量，促进整个经济由粗放经营向集约经营转变。

众所周知，文化是一个民族的实力，教育是一个民族的生机，体育是一个民族的国力。社会变革是极其巨大的，正是这极其巨大的变革迫使人们去认识新事物，迎接新挑战，迫使人们去思考许许多多前所未有的东西。服务机器人作为新生事物，已经走进人类，人类已经走进机器人时代。机器人技术涵盖了人类所有的学科知识和自然科学知识，特别是智能机器人和服务机器人，与人们的生产生活密不可分。2012 年国家科技部组织编制了《服务机器人科技发展“十二五”专项规划》，《规划》中明确了服务机器人技术是集机械、信息、材料、生物医学等多学科交叉的战略性高技术，对于相关技术与产业的发展起着重要的支撑和引领作用。在全国范围内实施《服务机器人科技发展“十二五”专项规划》，实现机器人技术作为战略高技术，推动国防军事、智能制造装备、资源开发，发展未来服务机器人产业，有望培育新的战略性新兴产业，而且具有很强的技术辐射性与带动性，对促进智能制造装备发展、提高应急处理突发事件能力、发展医疗康复设备、增强军事国防实力等都具有十分重要的现实意义。

2011 年，国家体育总局与神州通信集团战略合作，共同调研机器人运动的国际和国内现状，在美国、日本、欧洲国家等发达国家，机器人教育教学已被纳入中小学的必修课，有些大学还专门设立了机器人学科或机器人学院；机器人体育赛事方面，国际上著名赛事均由本国军事或太空部门主办，如 AUVic 赛事由国际无人系统联合会（AUVSI）和美国海军装备研究中心联合主办，水下 SAUC－U 赛事由全球海军技术研究局主办。机器人运动在我国必须规范开展，而规范的前提是规则。国家体育总局借鉴国际机器人教育教学和机器人体育赛事的先进经验，结合国内机器人赛事的现状，根据《中华人民共和国体育法》的有关规定，将机器人运动纳入国家社会体育运动项目，定义为中国素质体育机器人运动，以彰显这项运动的本质是素质教育。

中国素质体育机器人运动受到了社会各界的广泛关注，全国政协十一届五次会议上以关于“高度重视，深入做好素质体育机器人赛事”提出提案(3427 号)，国家体育总局对提案作出答复（体群字【2012】96 号)。《答复》中明确做好六项工作：一、项目的基础建设；二、组织建设；三、竞赛系统建设；四、加强对外交流；五、把握文化大发展大繁荣对素质体育机器人运动带来的新机遇、新要求；六、加强与其他部门的合作。并于 2012 年颁布施行《中国素质体育机器人运动通用竞赛规则》，为这项利国利民伟大工程的规范开展、健康开展、广泛开展打下了坚实的基础。

此次出版的机器人专项教育系列教材在我国机器人教育领域尚属首次，此系列教材的出版使我国机器人基础教育、专项教育、学历教育的全面普及有了良好的开端，为我国机器人体育事业的健康发展、积极发展起到了巨大的推动作用。

何宸光

2013 年 3 月于北京

目　　录

第1章　多水下机器人协作系统研究背景

最近十几年来，随着计算机技术、超大规模集成电路、控制理论、人工智能理论、传感器技术等的不断成熟和发展，由多学科交叉而形成的机器人学得到了很大的发展，单个机器人的能力、鲁棒性、可靠性及效率等都有很大的提升。但是面对一些复杂的、需要提高效率的、并行完成的任务时，单个机器人则很难胜任。为了更好地解决这类问题，机器人研究者一方面开发智能更高、能力更强、柔性更好的机器人，另一方面在现有的机器人的基础上，通过多个机器人之间的协调工作来完成复杂的任务，多机器人系统便在这些新的应用需求驱动下应运而生。

1.1　多机器人系统研究概述

1.1.1　多机器人系统研究现状

从20世纪80年代中期开始，分布式人工智能和复杂系统的研究工作逐渐深入开展，多机器人系统研究全面发展。在研究过程中，学者将分布式人工智能、复杂系统、社会学、管理学等其他研究领域的理论及方法引入多机器人学的研究中，探讨机器人群体乃至机器人社会的各种组织方式、信息交互方式、进化机制等基本问题，为机器人发展提供了新的思路。其中具有代表性的多机器人系统如下。

1. 群智能机器人系统

群智能机器人系统是由许多无差别的自治机器人组成的分布式系统，它主要研究如何使能力有限的个体机器人通过交互产生群体智能。在国际上具有影响力的有：加拿大 Alberta 大学开发的 Collective Robotics 实验系统（如图 1.1 所示）、美国 USC 大学开发的 The Nerd Herd 系统（如图 1.2 所示）。

图 1.1　Collective Robotics 实验系统图

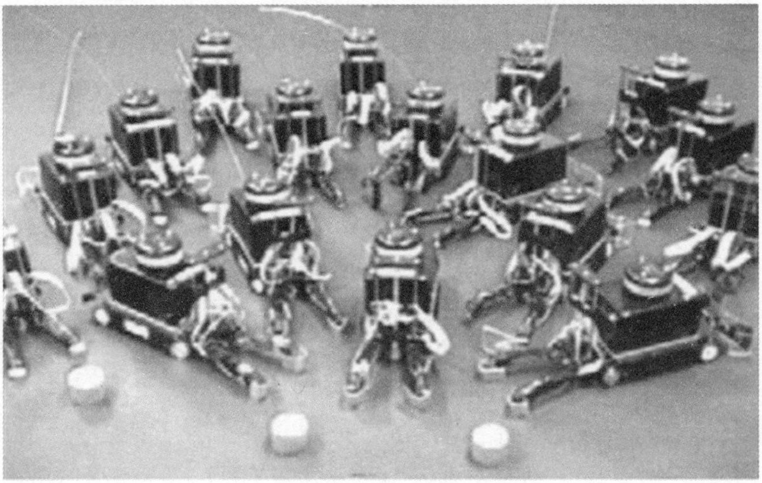

图 1.2　The Nerd Herd 实验系统图

2. 自重构机器人系统

自重构机器人系统（Self - Reconfigurable Robotic Systems，SRRS）以一些具有不同功能的标准模块为组件，根据目标任务的需要，对这些模块进行相应的组合，进而形成具有不同功能的系统。其中 CEBOT（Cellular Robotic System）系统（如图 1.3 所示）是日本 Nagoya 大学 T. Fukuda 教授在生物细胞结构的启发下研究而成的。CEBOT 系统将系统中众多相同或不同功能的机器人视为细胞元，这些细胞元可以移动、寻找和组合。根据任务或环境的变化，这些细胞元机器人可以自组织成器官化机器人，多个器官化机器人可以进一步自组织成功能更加复杂的机器人系统。

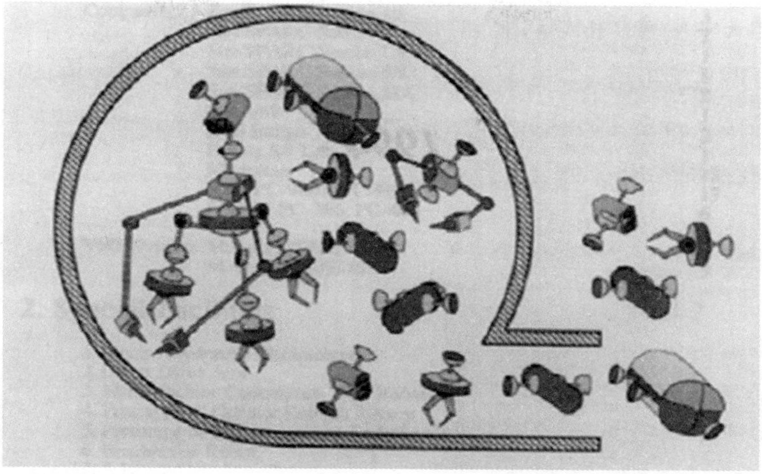

图 1.3　CEBOT 系统示意图

3. 协作机器人系统

协作机器人系统是由多个具有一定智能的自治机器人组成，机器人之间通过通信实现相互间的协作以完成复杂的任务。美国 Oak Ridge 国家实验室的 Lynne E. Parker 及其研究小组在协作机器人学方面做了许多工作，并建立了实验平台（CESAR Emperor 和 CESAR Nomads 机器人系统，如图 1.4 所示），进行理论的验证。多机器人协作装配系统（Multi – Robot Cooperative Assembly

(a)

(b)

图 1.4　CESAR 实验系统图

(a) CESAR Emperor; (b) CESAR Nomads

System，MRCAS）是由中科院沈阳自动化研究所研制而成的，对多机器人协作系统的实际应用具有参考价值。

4. 机器人足球赛

机器人足球赛（Robot Soccer）中不同球队的机器人之间的关系是对抗的、竞争的；同队的机器人之间则是合作的、互助的。其中比较著名的赛事有韩国 Jong – Hwan Kim 教授发起并举行的微型机器人足球赛 MiroSot 和日本的机器人世界足球锦标赛 RoboCup（如图 1.5 所示）。

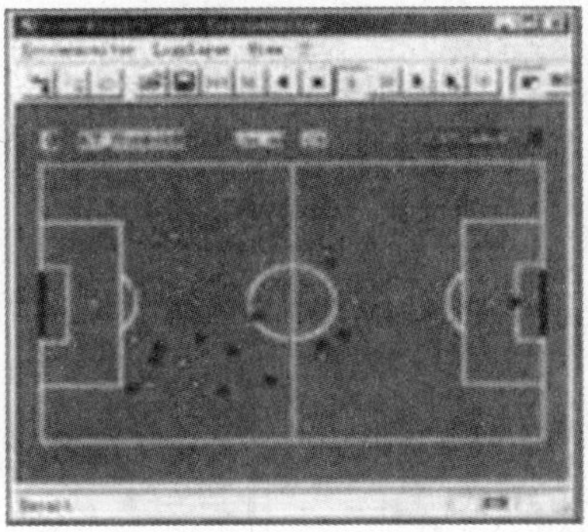

(a)

(b)

图 1.5　足球机器人系统

(a) 仿真机器人足球赛；(b) 实体机器人足球赛

1.1.2　多机器人系统研究中的主要问题

多机器人系统作为一种人工系统，实际上是对自然界和人类社会中群体系统的一种模拟。多机器人协作与控制研究的基本思想就是将多机器人系统看作是一个群体或一个社会，从组织和系统的角度研究多个机器人之间的协作机制，从而充分发挥多机器人系统各种内在的优势。

与单个机器人相比，多机器人系统具有如下优点。

（1）更广的应用范围　单个机器人不能完成某些任务，必须依靠多个机器人才能完成，如执行战术使命、足球比赛等，必须要由一个机器人团队来完成而非单个机器人。

（2）更高的工作效率　对于可以分解的任务来说，多个机器人可以分别在不同的地点和不同的时间并行地完成不同的子任务，这比单个机器人完成所有的子任务要快得多。例如，对未知的区域建立地图、对某区域进行探雷等等。

（3）更有利于机器人设计　对于多机器人系统来说，可以将其中的成员设计成完成某项任务的“专家”，而不是设计成完成所有任务的“通才”，使得机器人的设计有更大的灵活性，完成有限任务的机器人可以设计得更完善。

（4）更高的任务精确性　如果成员之间可以交换信息，多机器人系统可以更有效和更精确地进行定位。这对于野外作业的机器人尤其重要。

（5）更好的鲁棒性和稳定性　多机器人系统中的成员相互协作可以增加冗余度，消除失效点，增加解决方案的鲁棒性。例如，装配有摄像机的多机器人系统要建立某动态区域的基于视觉的地图，那么某个机器人的失效不会对全局任务产生很大影响，因此，这样的系统可靠性更强。

（6）更低的成本　同时建造若干个功能单一的机器人比建造一个具有很强大功能的机器人更加容易、灵活、经济，降低了设计和制造成本。

（7）解决问题具有更多的选择方案　多机器人系统与单个机器人相比，可以提供更多的解决方案，因此可以针对不同的具体情况，优化选择方案。

多机器人协作系统涉及多个技术领域，其中的关键技术包括：

（1）体系结构　体系结构决定了系统的整体运行效率。一般来讲，机器人协作系统的体系结构分为集中式和分散式两种。其中在分散式结构中，又分为分层式和分布式。

（2）感知　最主要的感知问题是定位和环境建模问题。通过机器人之间的配合提高定位和环境建模能力，将会增强多移动机器人系统的整体性能。

（3）规划　相应于体系机构，多机器人协作系统的规划可分为集中式规划和分布式规划。集中式规划基于全局信息，一般能找到全局最优解，但计算量较大，主要适用于静态环境，而并不适用于动态变化的环境。分布式规划中，每个机器人根据当前探测到的环境信息进行规划决策，能够对环境的变化作出灵活的反应，适用于动态的环境，但一般不能得到全局的最优解。

（4）协调与协作策略　多机器人系统的协调策略可借鉴多智能体理论中的思想。但系统在实现这些思想的过程中，需要选择合适的工具来描述各层次的系统行为。另外，由于机器人在任务执行过程中需要共享资源，所以经常会发生资源使用冲突或由此导致的死锁情况。因此，死锁检测和冲突消解仍是多机器人系统面临的一个重大难题。

（5）学习与演化　通过学习和演化，机器人系统能够优化系统的行为，从而展现出适应性、灵活性等智能特性。在机器人协作领域中，目前采用的主要学习方法为增强式学习和遗传规划等。总体来说，多机器人学习还停留在比较低的行为层次，其学习和演化的任务和环境也相对比较简单，当其面对更为复杂的任务和动态环境时，存在时滞评价和组合爆炸等问题，因此还有待寻找更为切实可行的学习方法。

（6）系统软件平台开发与实验研究　随着多移动机器人硬件系统的逐步完善，迫切需要研制具有高度开放性、通用性和可扩展性的系统软件平台。美国和欧洲各国近年来启动了多项针对多机器人协作系统软件开发的大型项目，其中最具代表性的是美国国防部 DARPA 主持的 SDR（Software for Distributed Robotics）和 MARS（Mobile Autonomous Robot Software）项目。这些项目支持了几十所实力强劲的大学和研究机构展开与多机器人系统相关的软件开发工作，大大推动了多机器人系统的研究进展。

尽管多机器人系统在性能上优于单体机器人，但是一个多机器人系统并不是多个机器人的简单组合和堆砌，如果多个机器人之间缺乏有机的组织和交互，不但不能达到预期的效果，还有可能造成机器人之间的冲突与对抗，导致系统性能的下降。从这个意义上讲，多机器人系统的研究也面临着诸多挑战。主要问题包括：

（1）系统结构　系统结构包括控制结构、组织结构及系统建模分析。群体的体系结构是系统中机器人之间逻辑上和物理上的信息关系和控制关系，以及问题求解能力的分布模式。它是整个系统执行协调合作任务的基础，决定了系统的能力和局限性。在确定体系结构时要考虑行为选择方式、通信结构、同构还是异构以及冲突解决等问题，再来决定是采用集中式还是分散式，或混杂式。

（2）组织与协调　当给定一个任务时，多机器人系统首先面临的问题是如何组织多个机器人去完成任务。这时要解决的问题是多机器人间怎样进行有效的合作，即采用何种系统体系结构的问题。而当经过某种机制确定了体系结构后，即各自任务与关系后，问题变为如何保持机器人间的运动协调一致，即多机器人协调。这涉及各机器人任务、规划、控制间的协调，多智能体理论的研究已为这些协调行为提供了思想与策略，但如何把这些抽象层次上的思想与策略结合到具体系统中加以实现，同时又要使这些实现具有普适性，还需要进一步的深入研究。

（3）冲突消解　冲突问题是多机器人系统控制的一个重要课题。冲突的形式是多种多样的，如任务冲突、路径冲突、空间冲突等。多机器人系统中的冲突容易造成系统的动态停顿和混乱，影响系统的性能。解决冲突除了要有合理的控制结构和通信方式外，也需要相应的解决策略。

（4）通信机制　个体之间的通信也是多机器人系统的一个重要研究问题，是研究多机器人系统的基础。多机器人之间通过必要的信息交流来进行同步或协调，如坐标确定、路径规划、防止死锁、避免碰撞等。

（5）学习能力　多机器人系统的学习是系统不断寻找或优化控制参数以适应外界环境变化的一种手段。多数研究者认为要使机器人系统具有更大的潜能，其控制系统应具有学习能力，但至今在协作学习领域的成果还较少。

1.2　多水下机器人系统概述

多机器人系统研究的基本思路是建立在生物群体内部或相互之间协作的观察、研究上的。因而，多机器人系统与生物群体之间的这种自然联系使得机器人技术与生物仿生技术的结合成为必然。从而多水下机器人系统的研究大多是对多仿生机器鱼的设计和开发，将先进的鱼类仿生技术与多机器人技术紧密地结合到一起。

在自然界中，单条鱼的力量比较弱小，但作为一个群体，鱼类在攫取食饵、逃避敌害、繁殖后代和集群洄游等方面表现出的力量几乎令人难以置信。比如，生物学家发现，鱼群能够利用彼此之间产生的旋涡来提高游动效率。在集群洄游过程中，单条鱼的续航能力可增加 2 ~6 倍。对于鱼类的群体行为，人们试图从不同角度对其解释：①生存需要（捕食）；②社会学行为；③遗传因素；④流体力学因素。在多水下机器人系统研究过程中，多机器鱼系统可描述为多条机器鱼（主体）在一个实时、噪声以及对抗性的环境下，通过协作、配合完成一个共同的目标或复杂任务。显然，在研究过程中，面对某项复杂任务，多机器鱼之间如何协调好各自目标与整体目标，如何避免冲突和死锁，已成为实时决策的一个基本问题。

虽然多水下机器人系统是当前机器人技术的研究热点，但由于水下机器人的研制工作相对陆地机器人起步较晚，因此目前关于多水下机器人协作系统问题的研究结果还很少。

在国际上，在美国国家科学基金会（NSF）的资助下，从2000年开始普林斯顿大学动力学控制系统实验室针对鱼类的群体行为对多个水下滑翔器（Underwater Glider）（如图1.6所示）协调运动的动力学展开研究，试图建立一个自主的、协调的多水下滑翔器系统以实现对Monterey海湾附近生态系统的监测。目前，该研究小组已经搭建了一个实现深度伺服控制的采用遥控操作的多水下滑翔器系统——Princeton Grouper。水下滑翔器可以测量海洋温度、盐度和寒流上涌的情况与路线。与典型的静态海洋观察系统相比，水下机器人的活动能力可以让它们采集到海洋的动态特征，因为海洋本身也是一直在发生改变的。这种水下机器人的创造灵感来自于鱼群，该研究小组已经开发出一种让这些机器人自主地在一系列矩形范围内活动的算法。

图1.6　多个水下滑翔器（Underwater Glider）自适应采样系统

日本Hokkaido大学Iijima等科研人员建立了一个分布式自主游动（鳍划水推进）机器人系统，并利用改进的Q学习算法对该系统进行了避障研究，实现了多机器人的目标趋近行为和避障行为。

国内的多水下机器人协作系统研究要比国际上晚一些。从2001年开始，中科院自动化所和北航机器人所联合开展了多微小型仿生机器鱼群体协作与控制的研究，初步建立了多仿生机器鱼协作平台。之后，北京大学智能控制实验室在微小型仿生机器鱼的研究基础上建立一套较完善的多水下机器人协作系统，开展了多水下机器人控制体系结构、协调协作策略和算法等方面的研究，成功实现了协作队形及协作推盘（如图1.7所示）、水球比赛及协作推箱（如

图 1.8 所示）等具有代表性的协作任务。2007 年，北京大学以该平台为基础，推出了水球比赛，之后成功地将水球比赛推广为 RoboCup 中国公开赛的标准比赛项目，为水下机器人协作提供了一个标准的平台。

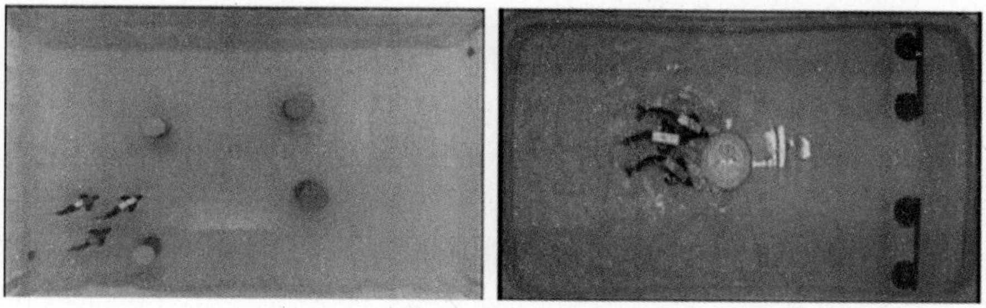

图 1.7　多机器鱼协作队形（左）及协作推盘（右）图

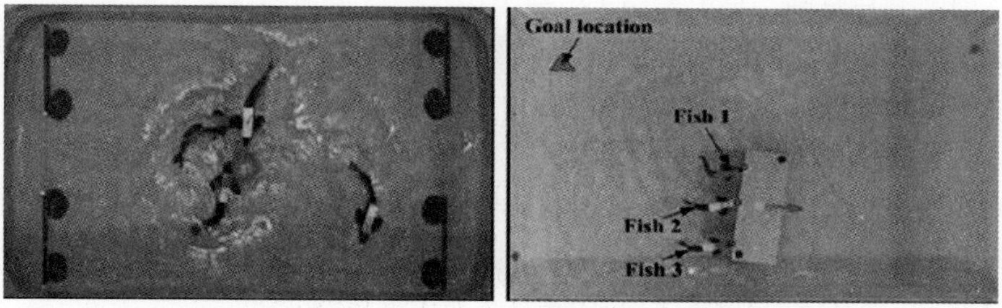

图 1.8　多机器鱼水球比赛（左）及协作推箱（右）图

思考与习题

1.1　多机器人系统研究中的主要问题有哪些?

1.2　简述你对多机器人系统的理解。

参 考 文 献

[1] 谭民,王硕,曹志强. 多机器人系统[M]. 北京:清华大学出版社,2005.

[2] 邵金燕. 多机器人协作控制研究[D]. 北京:北京大学,2007.

[3] 黎章. 多水下机器人协作控制[D]. 北京:北京大学,2008.

第 2 章　多水下机器人协作系统总体设计

2.1　多水下机器人协作系统总体要求

结合水下机器人（这里我们使用仿生机器鱼，简称机器鱼）本身的特性，以高质量和协作效率为目标，并参考现有的多机器人协作系统，我们认为，对于一个多水下机器人的协作控制系统来说，它应该满足以下技术要求。

（1）通用性强　鉴于多仿生机器鱼协作系统是为多水下机器人协作领域的理论研究提供一个平台和基础，它必须适应各种算法和任务，而不应该专门针对某一种算法和协作任务而设计。

（2）可扩展性好　基于该系统，用户能很方便地扩展协作任务和算法。不同的任务和算法需要的机器鱼个数不一致，因此系统至少要能同时兼容 1 ~ 8 条机器鱼工作。实验场地理论上越大越好，但由于实际条件受限，我们的实验场地为一个 3.3 m×2.3 m 的水池。

（3）友好的图形用户界面　友好的图形用户界面提供可视化的编程及实验参数设置环境，使实验人员可以方便地构建不同的实验环境来检验协作算法的有效性。

（4）模块化的软件设计　模块化的软件设计方案使系统开发人员更容易维护和改良。把协作算法及环境信息存取模块化，可以让用户在不清楚底层程序的情况下也能方便地扩充并检验自己的协作算法。

（5）实时图像处理、实时控制　由于我们的系统不是仿真平台，而是在真实水环境中研究多机器鱼协作的系统，因此该系统必须满足实时图像处理、实时控制的要求。这样我们必须对图像识别算法进行深入的优化。

（6）数据记录及回放功能　通过数据库记录重要的实验数据，一方面可以用于离线的算法分析，另一方面，可以结合智能学习算法进行在线学习、实时参数优化和更新。此外，为了更直观地得到实验结果，系统还应对实验过程进行实时记录。

2.2 多水下机器人协作系统结构

如图2.1所示，我们可以通过控制系统对图像采集设备和机器鱼进行协作控制。首先，通过计算机的操作设备在实时显示设备中的用户界面中设置参数和选择任务；然后，图像采集设备把机器鱼的运动信息和水池、球等环境信息发送给计算机处理；计算机根据处理后的信息和选择好的任务作出指令，通过无线通信设备把指令传输给机器鱼。

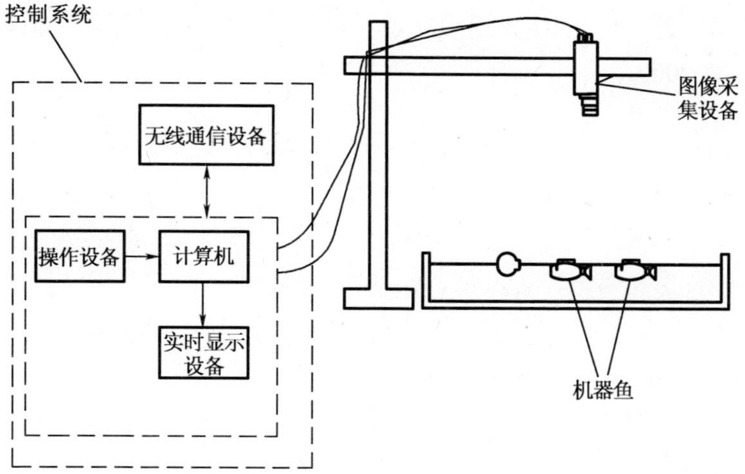

图2.1 多水下机器人协作系统结构图

该系统的工作原理：摄像头把水池中的实际环境以及机器鱼和其他物体的图片通过安装在主机上的采集卡传递到该系统中。然后通过此协作控制系统中的图像识别模块，识别到机器鱼的位置和方向，以及其他在相应的任务中需要识别的物体。经过信息整合处理，该信息传到控制策略库中。经过控制策略库，得出相应的决策，通常这个决策是各条鱼的速度和转弯等信息。此信息经过连接在电脑主机的无线通信模块，以波的形式将控制信息传递给机器鱼。在机器鱼接收到相应的信号后，则按照需求进行运动。如此循环，最终完成设定好的任务。

思考与习题

2.1 多水下机器人协作系统的设计要求有哪些?

2.2 简述多水下机器人协作系统结构。

参考文献

[1] 邵金燕. 多机器人协作控制研究[D]. 北京:北京大学,2007.

[2] 邹克旭. 水下机器人路径规划与轨迹跟踪控制研究[D]. 北京:北京大学,2009.

第 3 章　多水下机器人协作系统硬件结构

考虑到机器鱼单体的特点和系统的可普及性，我们确定采用全局视觉、集中控制式的硬件系统结构。全局感知和集中策略将使整个系统具有全局规划和推理能力。各机器鱼在空间上是分布的，运动状态和相对位置可以集中共享。

图 3.1 给出了多仿生机器鱼硬件系统的示意图。系统包括三个功能层：决策层、信息交换层和执行层。

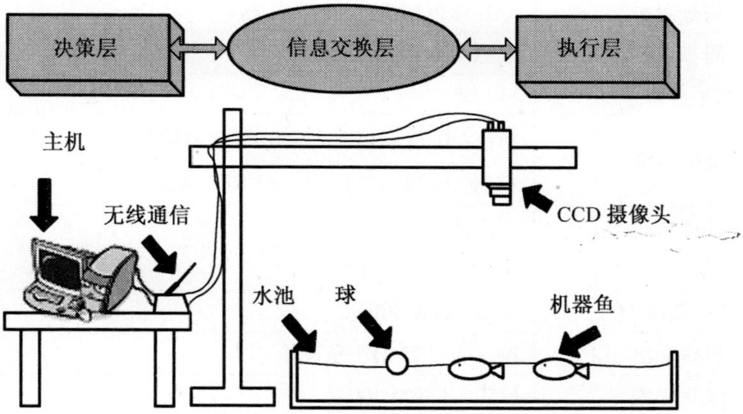

图 3.1　多水下机器人协作系统硬件结构图

（1）信息交换层　主要包括一个 CCD 摄像头和一个全双工无线通信模块。CCD 摄像头负责采集机器鱼的外部状态信息和环境信息，并输入到计算机的采集卡中；无线通信模块一方面把控制命令发送给机器鱼，另一方面也接受机器鱼反馈回来的内部控制信息。

（2）决策层　是一台装有协作系统软件的主机，它首先把采集回来的图像信息进行处理，再将图像识别结果和机器鱼反馈信息一起作为控制和决策系统的输入，最后输出机器鱼的控制命令。

（3）执行层　是系统任务的执行者，包括机器鱼和完成具体任务需要的特定工具（比如水球等）。

其中计算机的基本配置为操作系统 Windows XP，内存 1 G 及以上，显示器 17 寸及以上，显卡性能较好，必备软件 VS. net 2003 或以上版本（推荐 VS. net 2003 英文版）。

摄像机为 SONY 公司生产，型号为 SSC—DC498BP，其具体技术参数如表 3. 1 所示。

表 3. 1　摄像机技术参数表

型号	SSC—DC498BP
成像装置	1/3 英寸 Super HAD CCD Ⅱ
有效像素	752（水平）×582（垂直）
镜头卡座	CS 安装
信号制式	PAL 彩色制式
同步系统	电源同步/内同步
水平分辨率	540 线
最低照度	彩色：0. 3Lx（F1. 2，50IRE，AGC ON） 彩色：0. 15Lx（F1. 2，30IRE，AGC ON）
日夜转换	不支持
信噪比	50 dB（AGC OFF）
白平衡模式	ATW/ATW PRO
视频输出	1Vp－p，75 Ω，负同步
CCD 光圈	1/50～1/100 000 s
自动增益	可切换：ON（Turbo 模式）/OFF
电源要求	AC220
功率消耗	3. 5 W
工作温度	－10～50 ℃
工作湿度	20%～80%
储存温度	－40～60 ℃
储存湿度	20%～95%
质量	385 g
尺寸（宽×高×深）	60 mm×54 mm×120 mm
配件	镜头盖安装，使用说明书，放掉落钢绳，螺丝，电源线（SSC—DC498BP）

大恒图像采集卡（型号 DH—CG400）具体技术参数如表 3. 2 所示。

表 3. 2　大恒图像采集卡技术参数

基本参数	
主要性能	六路 CVBS 输入，三路 Y/C 输入，六选一模拟视频输出，数据传送过程由图像卡控制，无需 CPU 参与，瞬间传输速度可达 132 MB/s
接口类型	PCI
技术规格	
编码方式	PAL/NTSC
视频输入格式	AV/S - Video/（Y/C）
视频输出格式	AV/S - Video
图像分辨率	768 × 576（PAL），640 × 480（NTSC）
音频采样	24 位
其他参数	
适用操作系统	WIN9X/ME/NT/2K/XP/LINUX
附件	随机驱动程序

CCD 摄像头采用的是精工（AVENIR）生产的型号为 SSE0412 的镜头，其具体技术参数如表 3. 3 所示。

表 3. 3　CCD 摄像头技术参数表

型号	SSE0412
焦距	$f = 4$ mm
口径比	1∶1. 2 - c
接口类型	CS CCD
视角	70. 6°
尺寸	30 mm × 33. 8 mm
质量	51. 6 g
操作	手动光圈，手动聚焦

无线通信设备、水池、机器鱼和球在机器鱼硬件系统和全局视觉水球比赛部分中有详细介绍。

第 4 章　多水下机器人协作系统软件结构

软件体系的设计是系统研制的核心内容。这是一个涉及图像处理、无线通信、人工智能的软硬结合项目，综合前面提出的技术要求，我们规划了图 4. 1 的软件体系结构。

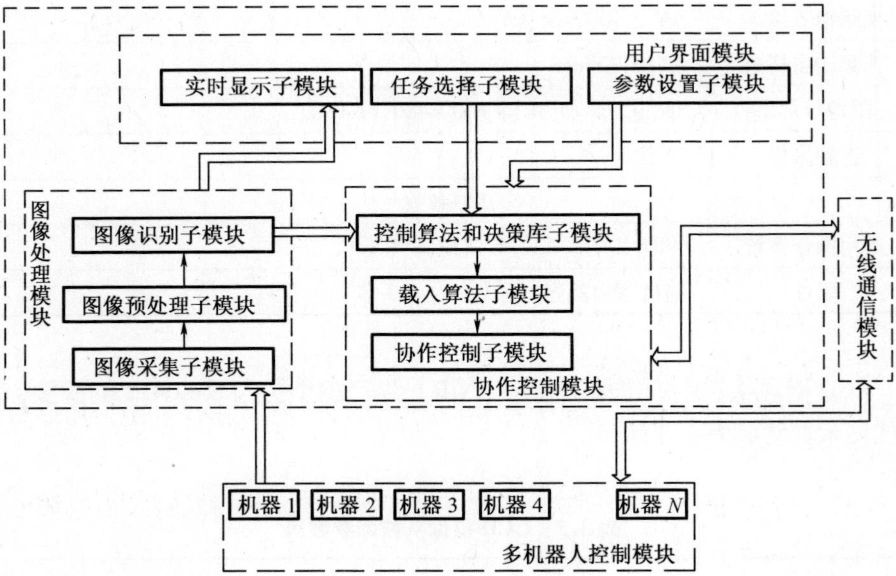

图 4. 1　多水下机器人协作控制系统软件结构图

图 4. 1 是系统软件体系结构的示意图。从图中可以看出，协作控制模块是系统软件的核心，其他模块都是直接或间接地为它提供信息。它综合了所有的信息并产生控制命令，通过无线通信模块发送给机器鱼。各模块的具体功能如下。

（1）图像处理模块　外部环境信息（包括水面环境和机器鱼外部状态信息）通过图像采集及处理模块后，变成可以被协作控制模块接收的信息。这些信息被分别封装在各种相关类里，并通过接口函数被协作控制模块访问。

（2）用户界面模块　通过用户界面模块，用户不但可以实时地看到图像信息和识别后的图像数据，还可以通过菜单等控件设定所需任务及参与该任务的机器鱼。同时也可以设置相关的环境信息，比如静态障碍、动态障碍及水球等。

（3）协作控制模块　对应不同任务的控制算法和协作策略封装在决策库里，对于一些智能控制算法，还可以根据实验过程中记录的控制参数及变量通过在线学习优化控制算法，不断更新决策库。其中的无线通信子模块接受协作控制子模块输出信息，同时将机器鱼内部的状态信息（如传感器信息、电机状态信息等）反馈给协作控制模块。

下面详细介绍各个模块的特征、功能及其与其他模块之间的关系。

4.1　用户界面模块

作为一个面向用户的协作控制系统，友好的人机界面是不可或缺的一个因素，为此我们通过设计用户界面模块，在实时显示设备上显示了一个图形化、功能层次分明、易于操作的人机界面。

用户界面模块下面包括三个子模块：

（1）实时显示子模块　用于控制实时显示设备对图像信息和仿真结果的实时显示；

（2）任务选择子模块　以离线编程的方式存放协作控制模块控制算法和决策库中多机器人协作所用到的控制算法及协调策略；

（3）参数设置子模块　用于预设置第一幅原始图像信息的颜色阈值、颜色搭配信息、当前环境的亮暗系数、失真系数等参数。

用户界面模块从功能上讲可以显示如下几个具体部分的界面。

第一部分：主界面，控制其他部分界面的显示与否，并进行任务和策略选择，如图 4.2 所示。

第二部分：原始图像显示窗口，实时显示和记录实验进程，主要为全局摄像头所获得的图像及视频信息，如图 4.3 所示。

第三部分：图像识别结果优化显示窗口，显示包括美观化处理后的水下机器人姿态信息、障碍物和目标的信息，如图 4.4 所示。

第四部分：颜色信息设置窗口，用于设定水下机器人参数信息和环境信

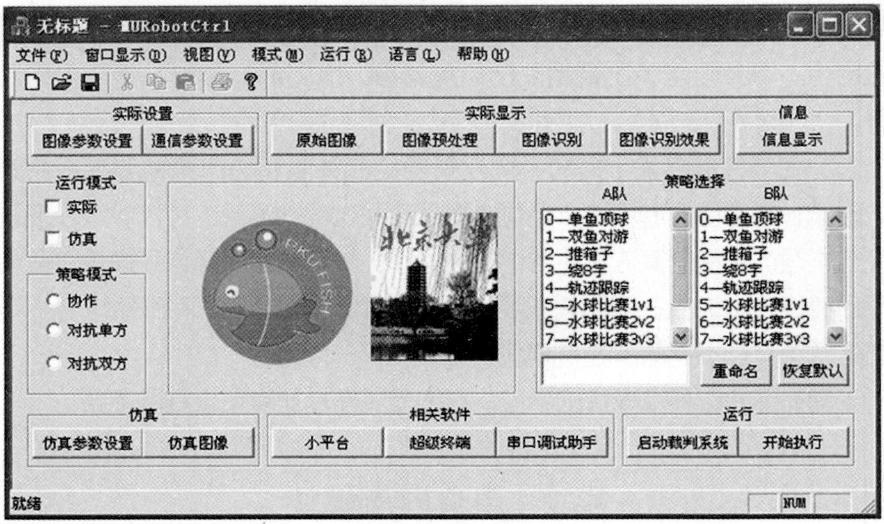

图 4.2　多水下机器人协作控制系统软件主界面图

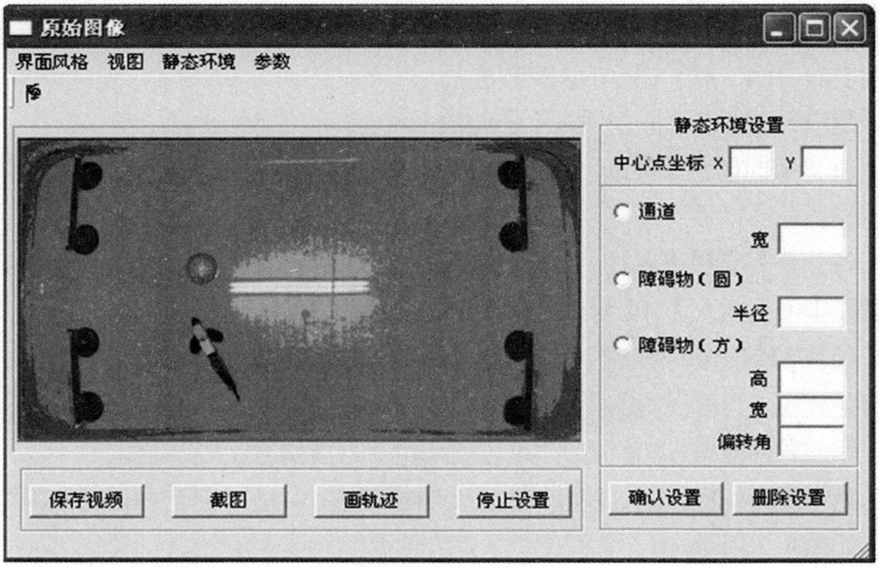

图 4.3　多水下机器人协作控制系统软件原始图像显示界面图

息，例如，水下机器人的 ID、色标颜色以及配对方案、障碍物及目标的颜色。如图 4.5 所示。

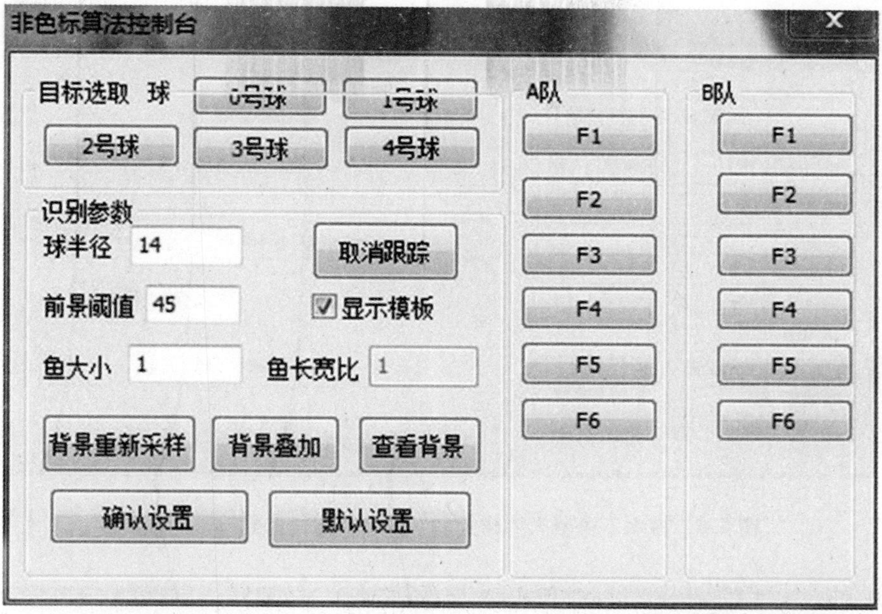

图 4.4　水下机器人协作控制系统软件图像识别结果显示界面图

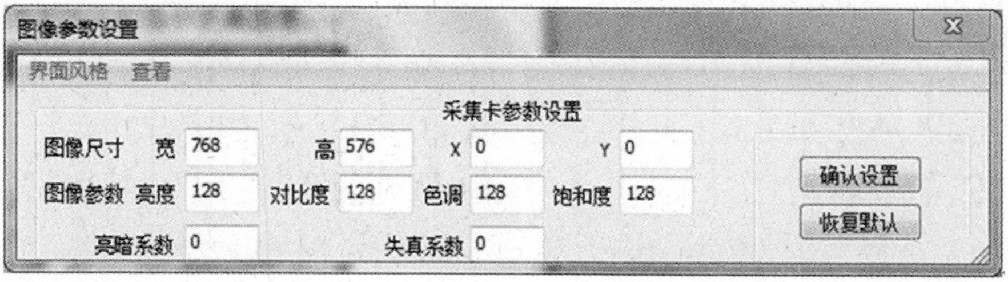

图 4.5　多水下机器人协作控制系统软件颜色信息设置界面图

第五部分：通信设置窗口，用户可以通过界面设置和通信相关的串口、波特率等信息，如图 4. 6 所示。

第六部分：信息显示以及保存窗口，用户可以选择数字的形式显示或者保存在实验进行中每条鱼的模态、方向、速度和状态，用于辅助用户调试算法程序，如图 4. 7 所示。

第七部分：和仿真相关的窗口，设置仿真相关的参数和实时显示仿真图像。

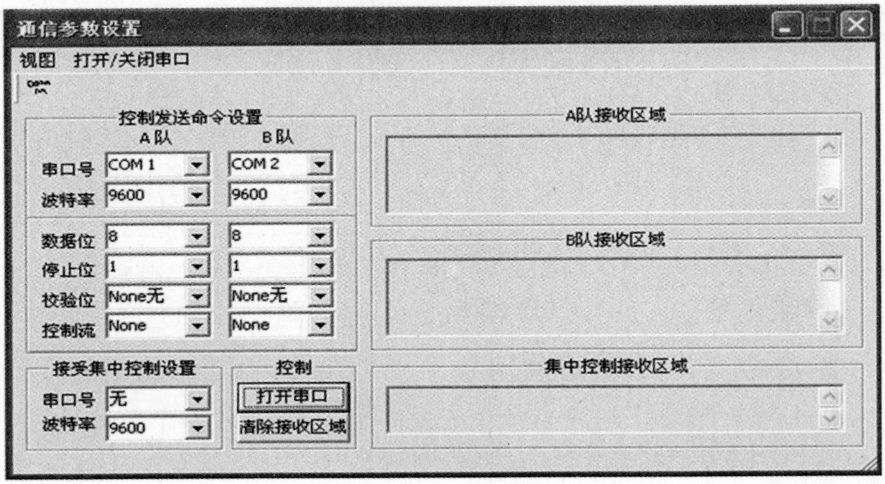

图 4.6 多水下机器人协作控制系统软件通信参数设置界面图

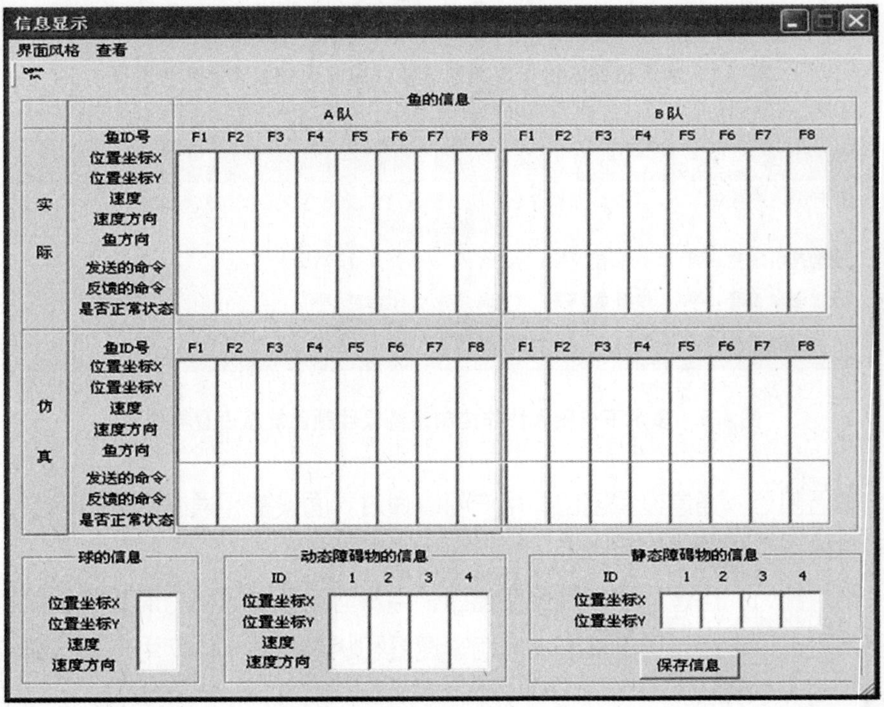

图 4.7 多水下机器人协作控制系统软件信息显示界面图

4.2 协作控制模块

从系统软件结构示意图可以看出，协作控制模块是整个系统最重要的部分，其他所有的模块都是为这个模块服务的。协作控制模块可以分成三个子模块。

（1）控制算法和决策库子模块　根据图像处理模块输送的图像信息和通过用户界面设定的协作任务计算出相应的决策；

（2）载入算法子模块　从控制算法和决策库子模块中提取决策；

（3）协作控制子模块　根据载入算法子模块输送的决策计算出指令，然后向各机器人控制模块发送指令，协作控制子模块下还包括下一层次的四个子模块，包括：

①通信子模块　接收协作控制子模块的决策并传输至协作子模块；

②协作子模块　根据通信子模块输送的决策，处理正在执行任务的水下机器人和其他水下机器人之间的协作关系；

③规划推理子模块　接收协作子模块输送的处理结果，并转化为各水下机器人对应的动作；

④动作子模块　封装规划推理子模块输送的对应各机器人的动作指令，并将指令通过无线通信模块传送给对应的机器人控制模块。

对于协作控制模块我们采取分层分布式协作控制结构，而目前大部分的水下协作采用集中控制方式。集中控制方式适合于协作或者对抗成员比较少的情况。但当机器人个数增加后，角色变换要求更加灵活，协作变化要求更快，角色变化多，对于随时出现的多个协作关系请求的建立和撤销，集中控制方式存在以下问题：

（1）鲁棒性较差　由于水下环境的不确定性，控制的不精确性，一个机器人很难保持它的角色，角色转换在水下环境中变得很频繁，一般的集中控制方法对角色转换不是很敏感；

（2）扩展性不强　当机器人个数增加后，阵形变化增多，要求角色变换更快，集中控制方式难以解决随时出现的多个协作关系的建立和撤销问题；

（3）不能体现各个独立的机器人的智能，只体现全局智能，在控制不精确的情况下，辅助的机器人可能妨碍主推机器人的工作；

（4）可移植性差　以集中式控制来研究多机器人系统相关问题，研究出的算法不能移植到其他分布式多机器人系统。

因此，有必要对多机器人系统在现有硬件结构不变的情况下重新设计软件结构，使系统从集中控制式向分层分布控制式转变，实现系统的实时性、动态性、容错性和可扩展性。为此，我们提出的分层分布式控制结构实现多水下机器人间的协作关系。

我们所提出的分层分布协作控制结构，其主要特点是只存在提供全局信息的机构，但没有全局控制机构，即组织结构上是分层的，但控制上又是完全分布的。以主线程访问共享内存作为协作与协调通信的主分支，用多线程机制构造多智能体（下面称 Agent），一个线程控制一个 Agent，各线程在每个控制周期向机器人发出一次控制命令。这种分层分布式结构，非常适合于我们目前用集中式图像处理的多机器人系统，我们设计的这种多分层分布式系统结构如图 4. 8 所示。

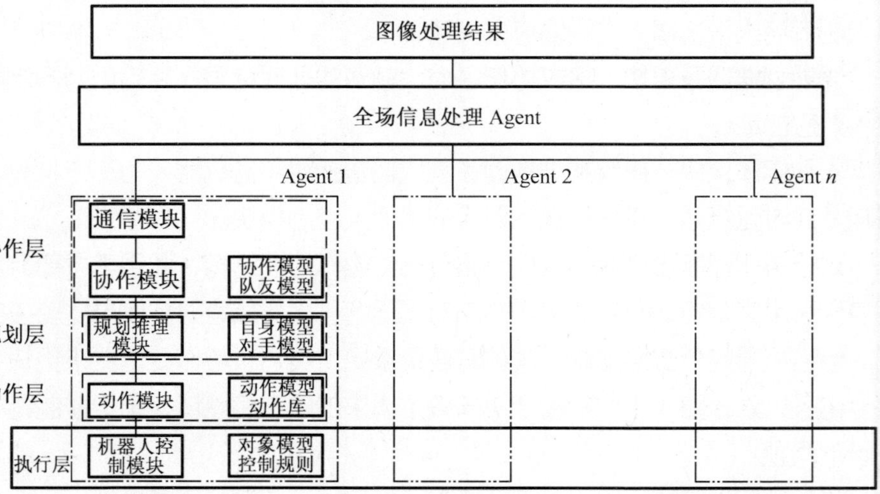

图 4. 8　多水下机器人协作控制系统软件分层分布式控制结构图

系统上层为全场信息处理 Agent，接收图像信息处理结果和进行角色协调，然后向其他 Agent 发送处理后的信息。其他 n 个 Agent 均称为水下机器人 Agent（或称机器鱼 Agent），水下机器人 Agent 在图中用虚线框表示。水下机器人 Agent 由四个层次构成：协作层、规划层、状态动作层和执行层。各层都有相应的数学、精神或知识模型，从上到下依次为自身模型、角色模型、队友模型、对手模型、协议模型、动作模型和对象模型。每个水下机器人 Agent 可看成由软件 Agent（协作层、规划层、状态动作层）和物理 Agent（执行层）两部分构成。

采用分层分布式结构的多机器人协作系统的核心问题是如何实现机器人协作。因而在设计每个水下机器人 Agent 体系结构时，既要充分考虑 Agent 的自主性、反应性和能动性，又要考虑 Agent 之间的协作性和社会性。我们设计的每个水下机器人 Agent 由通信模块、协作模块、规划推理模块、动作模块与机器人控制模块及对应的模型组成。每个水下机器人都采用这种结构，属于同构 Agent，为智能体将来扩展打下基础。而在协作中，每个同构水下机器人 Agent 会根据自身状态的不同，选择不同的行为模式，体现多样性。

为了提高水下机器人的协调一致性，使活动更有目的，减少通信量，需设计各模块对应的模型。

1. 自身模型

自身模型是对水下机器人自身数据的记录，记录水下机器人 Agent 自身状态及反映 Agent 所处的意识状态的一些变量。内容包括本机器人目前的状态，有位姿（x，y）、速度 v、目前执行的任务、前几个控制周期执行的动作、任务的完成情况及目前参与的协作关系。

2. 与协作相关的模型

与协作相关的模型包括：队友模型、对手模型、协议模型（含水下机器人 Agent 通信协议和协商策略）和协作过程中的状态信息。

队友模型反映队友的状态及队友所处的意识状态的一些变量。内容包括协作机器人的位姿、速度以及他们正在执行的任务、与本体的协作关系等。

对手模型反映对手的状态及对手所处的意识状态的一些变量。内容包括对手的位姿、速度以及他们正在执行的任务、与本体的对立关系等。

协议模型负责水下机器人 Agent 间的通信以及在协作层中协作模块之间接收和发送信息。各水下机器人 Agent 通常采用共享内存信息和基于网络的数据通信方式，在我们的系统中，采用的是共享主线程内容以及串口通信方式。

通信层的通信形式是由通信量的大小和硬件结构决定的。我们的系统是以多线程机制实现的多水下机器人 Agent 协作系统。由于通信的复杂性，所以到目前为止还没有一种通用的通信协议标准。我们只考虑简单的通信协议，选定如 Inform，Request，Modify，Agent 和 Accept 等信息交换与协商原语。对象模型反映电机运动状态的变化，记录电机的转速、偏差等参数。这些参数为电机控制、协调控制和专家控制提供了信息来源。

与协作相关的模块是本系统的核心，负责协调各机器人的战术配合和运动。

3. 动作模型

动作模型是水下机器人的基本动作控制集。根据规划模型给出的任务指令，从动作知识库中取出相应动作（包括基本动作、技术动作、战术动作和组合动作等），如踢球、射门、拦截及移动等动作，向机器人发出遥控指令。

4. 对象模型

对象模型以无线串口通信方式接收来自水下机器人返回的速度、方向等信息，以实现动作层规定的动作。执行模块包括感知、反应、控制和任务执行等，保证水下机器人的高制动性、高协调性以及灵活的转弯性能。

由于图像处理模块的运算量大，本系统引入多线程编程技术。该技术既满足系统的实时性要求，又能实现各模块间的高效协调性。我们首先通过用户界面进行参数设置、任务选择等，点击用户界面上的“开始执行”时，启动程序，系统创建主线程、图像采集线程、图像处理线程以及无线通信线程。其中，主线程包括用户界面和协作控制线程。

系统运行时，主线程、图像采集线程、图像处理线程以及无线通信线程同时工作，各自处理与之对应的任务，线程之间采用多线程机制进行通信。

系统的线程之间的通信关系如图 4.9 所示，整个系统的通信流程如下。

首先通过用户界面进行参数设置、任务选择等，点击用户界面上的“开始执行”时，启动程序，系统创建主线程。主线程初始化之后，系统创建并负责管理其他线程。图像采集线程采集一帧图像后（采集速度为 40 ms/帧），发消息通知图像处理线程，图像处理线程就对图像进行处理和识别，然后发消息通知主线程。

主线程结合选择的任务和经处理、识别后的图像信息，输入图像处理模块，进行运算，得出协作控制指令，并通过无线通信线程向机器人控制模块发出指令，同时无线通信线程接收机器人控制模块反馈的水下机器人内部状态的信息，来检测水下机器人是否执行了任务，然后通知主线程。

以上即为一个控制周期，然后执行下一个周期，下一个周期线程间的工作按上述流程继续循环下去。若无线通信线程检测到水下机器人未执行任务，则系统主线程再次发送刚才的指令，系统再次完成上述控制周期的任务，直至系统主线程收到水下机器人已完成任务的信息。

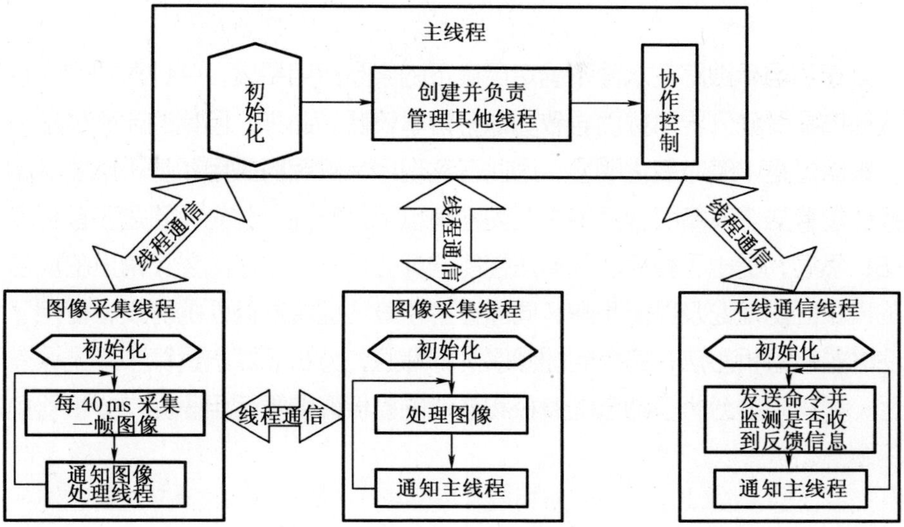

图 4.9　多水下机器人协作控制系统线程之间通信图

思考与习题

4.1　有哪些协作控制模块？分别简述其作用。

4.2　多水下机器人协作控制系统的通信模式是什么？画出其通信图。

参 考 文 献

[1] 邵金燕. 多机器人协作控制研究[D]. 北京:北京大学,2007.

[2] 黎章,王晨,邵金燕. 一种多水下机器人协作控制系统:中国,2008101192164[P]. 2009-02-04.

第 5 章　基于灰度相关的模板匹配理论

考虑到目标跟踪在水面不确定环境下的实际应用要求，并针对视觉子系统的成像容易受到外界干扰而导致图像分辨率较低，此外，目标的非刚体部分在整个跟踪过程中姿态变化明显，因此在实现目标跟踪时采用了基于灰度的相关模板匹配算法。本章节包括的主要内容有以下几方面：首先，简述了模板匹配算法；然后，提出了模板匹配算法性能的评估标准；之后阐述了常见的灰度相关的模板匹配理论及匹配步骤；同时在鉴别算法匹配准确性的时候，使用了相关曲面量化分析方法；考虑到图像序列的特点，分析了算法运算中产生误差的原因；最后简要分析了动态的模板和静态的模板哪种更适用于面向多机器鱼目标的跟踪。

5.1　模板匹配算法简述

模板匹配是一种强制搜索目标的算法，是依据一个之前设计好的目标模板来识别和跟踪目标，并测定目标位置。按照一定的相似性度量准则计算相关函数值，来找出和目标模板最接近的一个子图的位置，并认为是跟踪目标当前的位置，这种方法也被称为“直接的模板匹配法”。

常见的基于模板匹配的目标跟踪算法主要有以下几种：归一化互相关法（Normal Cross Comelation，简称 NCC）、差的平方和相关法（Sum of Squared Difference，简称 SSD）、差的绝对值和相关法（Sum of Absolute Difference，简称 SAD）等。

NCC 算法：

$$S(x,y)=\frac{\sum_{m=0}^{T-1}\sum_{n=0}^{T-1}f(x+m,y+n)H(m,n)}{\sqrt{\sum_{m=0}^{T-1}\sum_{n=0}^{T-1}f^2(x+m,y+n)\sum_{i=0}^{T-1}\sum_{j=0}^{T-1}H^2(m,n)}} \tag{5.1}$$

其中，$H(m,n)$为模板图像；$f(x+m,y+n)$为目标的实时图像。

SSD 算法:

$$S(x,y) = \sum_{m=0}^{T-1} \sum_{n=0}^{T-1} [f(x+m,y+n) - H(m,n)]^2 \tag{5.2}$$

SAD 算法:

$$S(x,y) = \sum_{m=0}^{T-1} \sum_{n=0}^{T-1} |f(x+m,y+n) - H(m,n)|^2 \tag{5.3}$$

其中,(x,y)为实时图像与模板之间的偏移量;$S(x,y)$为相关系数;T为模板的大小;$f(x+m,y+n)$为实时图像中搜索区域内各点的灰度值;$H(m,n)$为模板图像的灰度值。

NCC 算法具有良好的抗干扰性和鲁棒性，但由于其算法的运算量大，因此需要较高的硬件基础。在实际运用中，为了减小 NCC 算法的计算量，一般会优化算法，并采取措施提高计算并行度从而减少算法的运算时间，借此来保证算法的实时性。SSD 和 SAD 算法的计算量相对于 NCC 算法较小，而且易于实现，适用于目标作刚性运动的情况，但当平均灰度发生较大变化时，这两种算法的效果则不甚理想。

5.2 模板匹配算法的性能评估

通常来说，衡量模板匹配算法的性能主要是依据算法的运算速度、匹配精度和匹配概率这三个方面。下面依次介绍这三个评估标准。

5.2.1 算法的运算速度

在实际应用中，对于要求较高实时性的系统来说，模板匹配算法的运算速度是十分关键的，如面向机器鱼目标的实时跟踪。算法运算速度不仅与系统的硬件性能有关，还取决于其自身的结构和优化程度。算法的计算量及其并行化能力影响着算法的运算速度。计算量包括以下两点：第一是计算待匹配的图像的相似性度量；第二是对匹配模板和待匹配的图像各自在灰度空间上的待匹配点的点集进行匹配。一个更好的相似点搜索算法能够极大地提升运算速度。算法运行的硬件基础与其可并行化的能力相辅相成。目前随着算法的不断发展，匹配算法也更好地实现了并行化和硬件化，有效地提高了运算速度。

5.2.2 算法的匹配精度

算法的匹配精度用来评价算法寻找目标的准确性。如果不能准确地找到目标，那么对后续的控制也就失去了意义。常见的算法自身往往都有一定程度上的不足，再加上其他因素的影响，一般来说，对模板和处理后的图像进行匹配时，通过算法计算所得到的匹配位置会不同于目标的实际位置。此外，还引入了匹配误差的概念，是指计算出的匹配点和实际匹配点之间的随机偏差，在提升算法的匹配精度的同时也会增加其复杂度。如果只是为了提高算法的匹配精度，则其结构必定也会变得更为复杂，但运算速度又会受到影响。在实际应用中经常需要考虑到算法的实时性，同时，还不能忽视运算速度和匹配精度，因此，在达到系统实时性要求的同时，尽可能地提高匹配精度。

5.2.3 算法的匹配概率

算法每次计算所得到的结果会产生匹配误差，匹配误差限定在要求精度范围内的概率就称之为算法的匹配概率。待匹配目标的特征信息以及算法本身都会影响到匹配概率。当图像的信息完整时，算法的匹配概率也会较大；相反，对于对比度较小，细节特征不突出的图像，算法的匹配概率也会较小。

5.3 算法的一般流程

一般来说，在视觉子系统的目标跟踪部分，基于灰度相关的模板匹配算法包括下面几个步骤：首先，要生成对应的匹配模板；然后，计算匹配模板的相似度；最后，跟踪目标，并确定其所在的位置。

下面简要介绍一下基于灰度相关的模板匹配算法的几个步骤。

5.3.1 生成对应的匹配模板

在进行实时跟踪之前，需要先得到跟踪目标对应的模板信息，这是进行模板匹配的基础。需要跟踪的目标机器鱼在游动中，其非刚体部分会产生多种多样的形变，因此没有一个完全固定而且完整的模板。在跟踪过程中，最初的跟踪算法还会根据模板是否更新，决定使用静态模板还是动态更新模板。

5.3.2 计算匹配模板的相似度

开始跟踪时，每一帧实时的原始图像被 CPU 读取，经过处理后模板与之进行匹配。通过式（5.3）来求出图像中每点的绝对差之和，并作为对应点处的相关系数。

5.3.3 确定目标所在位置

在确定目标所在位置时，算法通过计算在相关系数矩阵中得到值最小的元素，并确定其在相关系数矩阵中的位置。为了不影响匹配精确度，采用遍历搜索的方法来搜索最相关系数，同时通过提高硬件并行化的能力来对运算速度进行优化。在获取到最相关系数的位置后，再进行一系列计算，就可以在当前帧的图像中得出跟踪目标的匹配位置。

这些步骤构成了在一帧图像中匹配目标的全部流程，多次重复该流程就能够在连续的图像帧序列中进行模板匹配。当算法无需更新模板时，则运算过程可以跳过第一步，直接将模板与下一帧实时图像进行匹配，一直到跟踪结束。

5.4 相关曲面分析

模板图像与待跟踪目标图像之间的匹配相似程度由相关系数矩阵来描述。当灰度图像中待跟踪目标的形状与模板区别更加明显时，通过差的绝对值和相关法（SAD）计算得到的绝对差之和也会变大，对应的相关曲面也会发生变化。因此，判断匹配结果是否准确可以通过分析相关系数矩阵来进行。

一般来说，通过 SAD 算法计算得出的相关系数矩阵所形成的曲面形态多变，难以对其进行定量分析。首先需要相关系数曲面进行指数变换，这样才能够把曲面的相关波谷分析变为分析指数曲面的相关峰。进行指数变换时采用的公式如式（5.4）所示。

$$E_c(i,j) = e^{-\lambda c(i,j)} \tag{5.4}$$

其中，$c(i,j)$为绝对差累加和相关系数值；λ 为一常数，且取值取决于(i,j)的大小。

想要定量地分析相关曲面，并通过数值来找出形态较差的相关曲面，需要先定义一些描述量来描述对应的曲面形态。在此引入相关曲面峰值（Peak Value，

PV)及其相对峰值大小(Relative Peak Value,RPV)、相关峰区域(Peak Area,PA)、相关峰锐度(Peak Ratio,PR)这些描述量来评价相关曲面。设相关函数矩阵为 $\boldsymbol{D}(x,y)_{m\times n}$,其中 $x\in[0,m]$,$y\in[0,n]$。下面分别介绍这三个描述量。

(1)相关曲面峰值(Peak Value,PV)及相对峰值大小(Relative Peak Value,RPV)　定义在相关曲面中所取得的最大值点 $\mathrm{Max}(D(x,y))$ 为相关曲面峰值(PV),则匹配结果的准确度与 PV 的值呈正比。对 PV 的均值进行归一化处理后即可得到相对峰值(RPV),即曲面峰值为 RPV,采用以下的方法来进行计算。

设 D_{av} 为相关系数矩阵的均值,则

$$D_{av} = \frac{1}{m\times n}\sum_{x=1}^{m}\sum_{y=1}^{n}D(x,y) \tag{5.5}$$

相关系数矩阵中的各点与 D_{av} 的差定义为 $D_e(x,y)$,则 E_D 为整个相关矩阵的 $D_e(x,y)$ 均值。坐标为 (x_p,y_p) 的峰值与 D_{av} 的差定义为 $D_e(p)$,则有

$$\begin{cases} D_e(x,y) = |D(x,y) - D_{av}| \\ E_D = \dfrac{1}{m\times n}\displaystyle\sum_{x=1}^{m}\sum_{y=1}^{n}D_e(x,y) \\ D_e(p) = |D(x_p,y_p) - D_{av}| \end{cases} \tag{5.6}$$

则 RPV 的表达式为

$$\mathrm{RPV} = \frac{D_e(p)}{E_D} \tag{5.7}$$

(2)相关峰区域(Peak Area,PA)　匹配结果正确时,指数相关曲面呈现出匹配峰突出且单一的情况;而匹配结果错误时,相关曲面呈现出多个局部峰值。假定两个相关系数平面 D_1,D_2 对峰基部分进行截取,把属于这一范围内的点集记为 PB,其坐标位置满足式(5.8)。

$$(x_B,y_B) = \arg\underset{x,y}{\mathbb{C}}(D_1 < D(x,y) < D_2) \tag{5.8}$$

其中,$x\in[0,m]$,$y\in[0,n]$。则 PA 可以定义为

$$\mathrm{PA} = \frac{1}{m\times n}\sum_{x=1}^{m}\sum_{y=1}^{n}[(x_p - x_B)^2 + (y_p - y_B)^2] \tag{5.9}$$

显然,相关峰底部的起伏程度取决于 PA 的值,当 PA 的值越小时,表明匹配精度越高。

(3)相关峰锐度(Peak Ratio,PR)　相关曲面的形态不能只通过相关曲面峰

值来进行判断。因此又引入了曲面锐度的概念,它可以同时表征相关峰及其周围点的相关系数值对比度情况,并依此来进一步反映出相关峰的锐度。PR 值越大,相关峰的锐度越明显,说明对比越明显。

假设有这样一个区域,该区域的中心为一个峰值位置,邻域范围的值设为 L,并把相关峰值与该区域内的各个点的相关系数差值的平均值记为 E_{DL},其表达式如式(5.10)所示。

$$E_{DL} = \frac{1}{(2L+1)^2 - 1}\sum_{x=-L}^{L}\sum_{y=-L}^{L}\left|D_e(x_p + x, y_p + y)\right| \tag{5.10}$$

则 PR 的表达式为

$$\mathrm{PR}_L = \frac{D_e(P)}{E_{DL}} \tag{5.11}$$

在运算 PR_L 时,需要考虑到相关峰位于曲面边界的情况,所以还应该引入对边界位置的判断。

用 PV，RPV，PA，PR 这四个量对指数相关曲面进行分析。当匹配的结果精度较高时，会形成较好的相关曲面效果，同时 PA 的值较小，而 PV，RPV 和 PR 的值较大；当匹配精度降低时，PA 的值会有明显的增加，而 PV，RPV 和 PR 的值则变小。

定性分析相关曲面，可以在一定程度上帮助验证匹配结果的可靠性。然而判断匹配结果的正确性时，不能只是以此作为依据。其原因有以下两点：一方面是由于受到各种干扰的影响，导致 PV，RPV，PA，PR 这几个描述相关曲面的量在匹配连续图像帧序列时，单帧间匹配的相关曲面形态差异很大，相关曲面的各个描述量有大幅波动，统计分析一定数量的描述量得到的结果才具备可靠性。也就是说，在保持一段时间的跟踪后，相关曲面描述量的统计值规律性才有参考价值，才能够衡量匹配效果；另一方面是根据上述四个描述量来区分匹配是否准确时，设定合适的阈值较为困难，对各个描述量分别设定阈值进行区分时，算法性能很容易受到阈值的影响。如果过严地设置阈值，可能会导致误判正确结果，而使算法引入不必要的结果修正过程；如果过松地设置阈值，又可能会导致漏判错误结果，进而会严重影响到算法的可靠性。

为了减小随机干扰对于相关曲面描述量的值产生的幅值波动影响，还需要通过均值化的方式对描述量进行进一步的处理。

以 PA 为例，设当前匹配帧的序号为 h，则该帧的 PA 均值记为 $\mathrm{PA}_{av}(h)$，

其表达式为

$$\mathrm{PA}_{av}(h)=\frac{\sum_{i=1}^{h}\mathrm{PA}(i)}{h} \tag{5.12}$$

5.5 算法计算过程中的误差分析

匹配模板与目标区域中的对应像素点之间有着严格的函数对应关系，这是基于灰度相关的模板匹配算法的理论基础。当原始图像的变化不明显时，由于经过处理的图像存在邻域相似性，灰度相关算法的匹配和跟踪结果一般也不会产生错误。但在目标跟踪过程中，水面反光的影响、图像的广角畸变以及成像时产生的噪声干扰等情况都会极大地对采集到的目标信息产生影响。

算法的匹配精度受到的影响，一方面是源于进行匹配的目标模板，将由此产生的误差称为模板误差；另一方面则是来源于外部的各种干扰，比如摄像头采集原始图像时产生的噪声，在水池表面光线反射造成的影响，或者是视觉子系统硬件的自身问题所导致的成像偏差等，将由此产生的误差称为随机误差。目标匹配模板与图像中的目标信息大相径庭，由此导致了模板误差的产生。这属于算法自身的不足之处，算法无法自动进行智能校正。如果没有相应的消除误差措施，模板误差一旦产生，将会很快地变大，极大地影响了后续的目标跟踪。因此一定要采取措施来防止或者抑制跟踪过程中有可能出现的模板误差。而随机误差则不同，它的产生是由于在某一帧图像中可能存在不确定的干扰，从而导致该帧的目标信息发生不可预知的畸变，使匹配过程中产生误差。一般来说，由此产生的偏差值通常在一个像素范围内。此外，合理地编写算法还能使算法自身削弱这种影响，在之后图像帧序列中匹配目标时，算法依旧能够得到正确的匹配结果。可以看出，在进行跟踪时，能否实现准确的目标追踪主要取决于图像自身的变化程度。

产生上述两类误差的原因是不一样的，在跟踪过程中，它们各自产生的影响也大相径庭。然而在现实应用中，这两种算法却是相互影响、相互制约的，它们都可能导致跟踪过程中匹配结果的偏差，最终影响到系统的性能。所以在进行抑制误差时，往往要求综合地考虑上述两种误差的影响，并分别采用有针对性的修正手段。

5.6 选择面向多机器鱼的跟踪模板

在跟踪多机器鱼的时候，可以根据机器鱼执行不同动作时产生的不同形状，来设计一些动态变化的模板进行匹配和跟踪，也可以针对其身体的刚性部分设计一个固定的模板来进行匹配和跟踪。如果采用动态变化的模板，必须首先要设计多个身体形态下对应的匹配模板，然后在跟踪算法中实现模板的智能更新及失配检测。在实际的应用中，这样的做法会极大地增加算法的复杂度，占用很多计算时间，在很大程度上影响算法的实时性。虽然这种方案能够较为准确地在灰度图中匹配目标，但是考虑到实时性的要求，在实际应用中并没有采用这种方法。考虑到机器鱼在执行不同的动作时，其身体的刚性部分是不会发生形变的，因此，针对其身体不发生形变的部分设计一个固定的模板来进行匹配。这样可以极大地简化跟踪算法，在跟踪机器鱼尤其是多机器鱼目标时能保证很好的实时性。

本 章 小 结

本章主要对基于灰度相关的模板匹配算法的相关理论进行了介绍，并对这类算法的关键问题进行了讨论分析。对当前使用较广，较为成熟的灰度相关匹配算法进行了横向比较。

首先介绍了传统的基于灰度相关模板匹配算法的一般流程，对相关匹配的原理在实际应用中的适用场景、自身缺陷以及用于目标跟踪中的误差产生来源进行了详细分析。同时分析了相关曲面进行方法，为后面的面向多机器鱼的跟踪匹配可靠性研究打下了理论基础。

思考与习题

5.1 什么是模板匹配算法？简述之。

5.2 模板匹配算法的性能评估有哪些指标？

5.3 简述算法计算过程中的误差计算方法。

第6章　基于模板匹配的多机器鱼跟踪算法设计

6.1　水池全景环境中的背景建模

本章的研究内容是针对特定的实验环境，首先采用合适的方法对背景进行建模，才能使算法可以较为准确地提取前景信息，为之后在前景图像中进行的目标识别与跟踪奠定基础。

在研究中所遇到的问题是静态背景中的前景提取，最终希望能将跟踪算法应用在多机器鱼协作控制平台中，由于水面的反光、池底阴影以及对光照变化等条件的敏感，所以选取了一种简易的背景建模方法，并改进之，从而使得算法符合要求。

6.1.1　水池全景环境中的背景建模难点

在整套系统中，数字摄像头固定安装在水池的正上方，以水池作为固定的背景，在对采集到的图像进行背景建模的时候，会受到以下几个方面的影响：

（1）光照不均匀　由于受到室内环境的限制，室内光照分布会不均匀，因水池池边对光线遮挡，还会在水池周围产生一圈阴影，目标在出入阴影区域时，在灰度图中目标灰度会有明显变化。在图6.1中可以明显看到水池池边在图像中形成的阴影区域。

（2）目标阴影　在水池上方添加了若干光源，由水池上方光源照亮水池，目标在池底会产生较为明显的阴影，这样在提取前景的过程中，容易误将目标阴影也提取成目标区域。图6.2中目标机器鱼周围能够很明显看到在水池底有机器鱼的阴影。

（3）水面反光　可以说在背景建模时，影响最大的因素就是水面反光了。当水面静止时，水池表面会产生水池上方光源的倒影；而当目标游动时，由目标经过倒影区域或因游动产生的水波晃过光源倒影区域时，都会在图像中形成

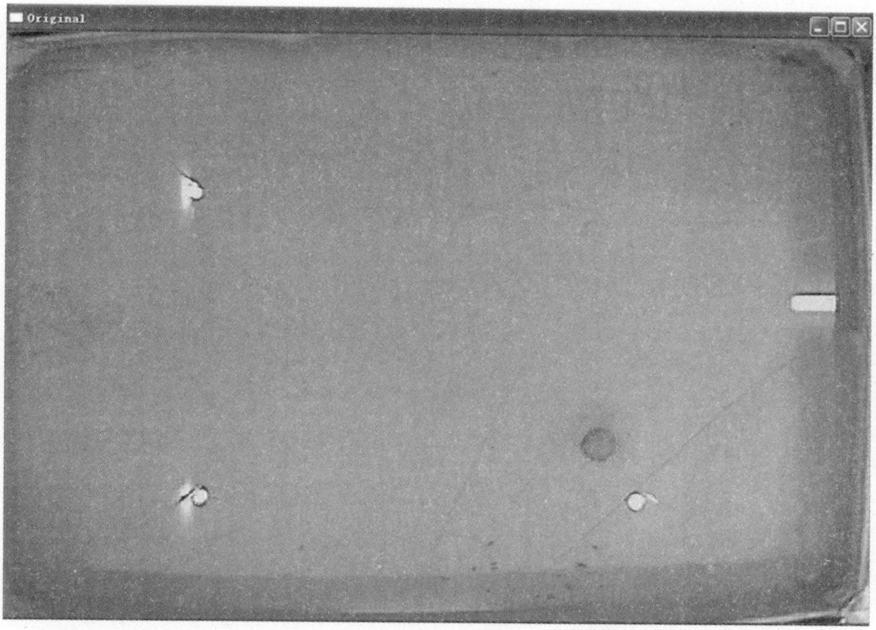

图 6.1　光照不均匀的情况示意图

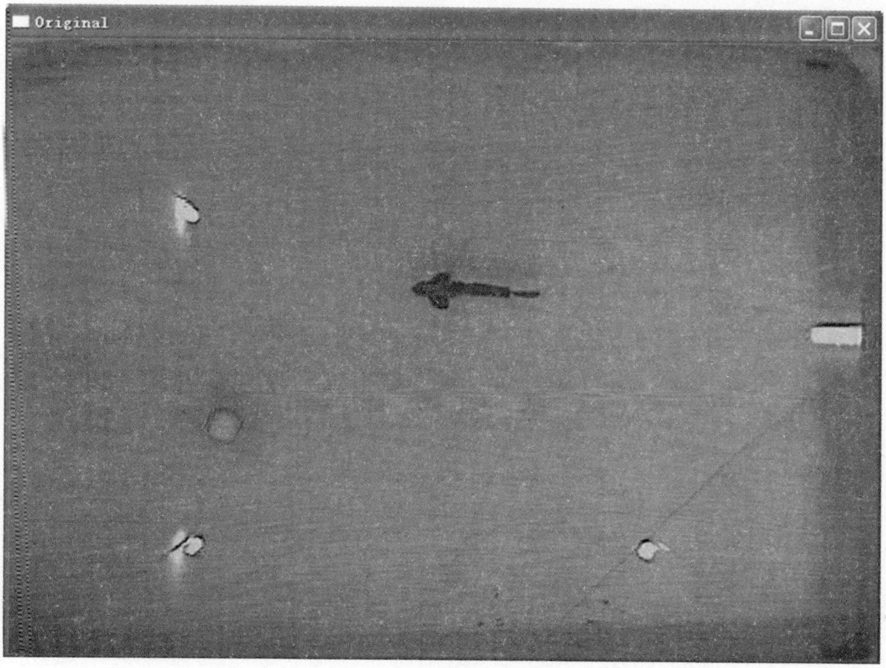

图 6.2　目标阴影示意图

大片不规则的反光区域。而图 6.3 至图 6.6 分别为几类比较常见的反光情形，其中，图 6.3 为水面基本静止，光源反光时的情况；图 6.4 为目标进入原光源反光区域，使得反光区域产生变化时的情况；图 6.5 为目标游离反光区域后，产生较大反光区域形成大量噪点时的情况；图 6.6 为目标游动产生水波使得部分反光区域消失时的情况。

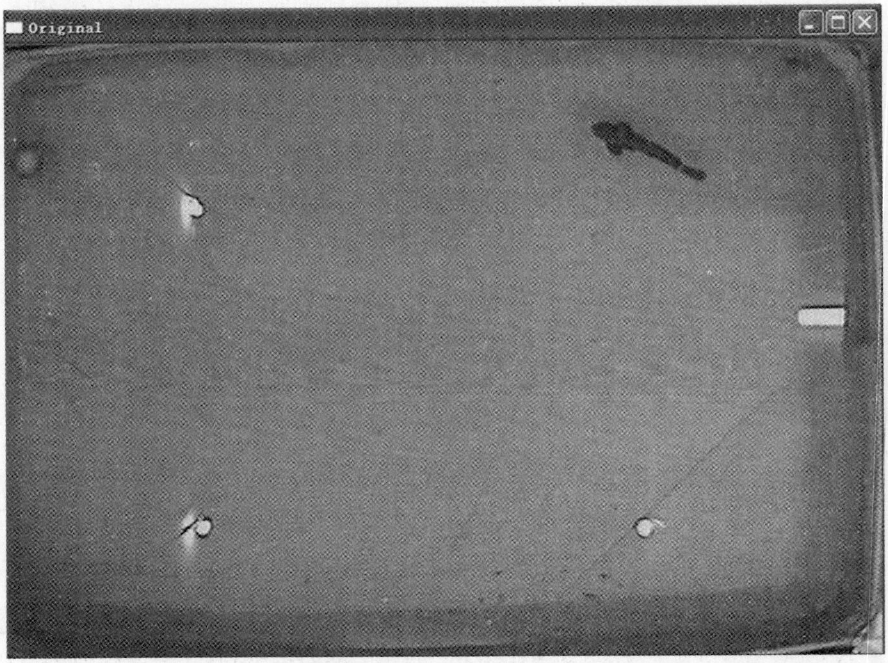

图 6.3　光源反光示意图

6.1.2　分区域背景建模

为了能够很好地解决池边阴影这个问题，采用分区域背景建模的方法，而边缘检测法则是分区域的基础。

由于实验环境的背景是固定不变的，所以阴影区域也是基本固定的，于是采用常用 Laplace 算子进行背景中阴影区域的边缘检测，通过边缘来判断一个像素点是否位于阴影区域中，然后对于阴影区域与非阴影区域设定不同的背景减判断阈值，从而对不同区域的图像进行前景提取。采用分区域背景建模的方法，能够很好地解决池边阴影的问题。

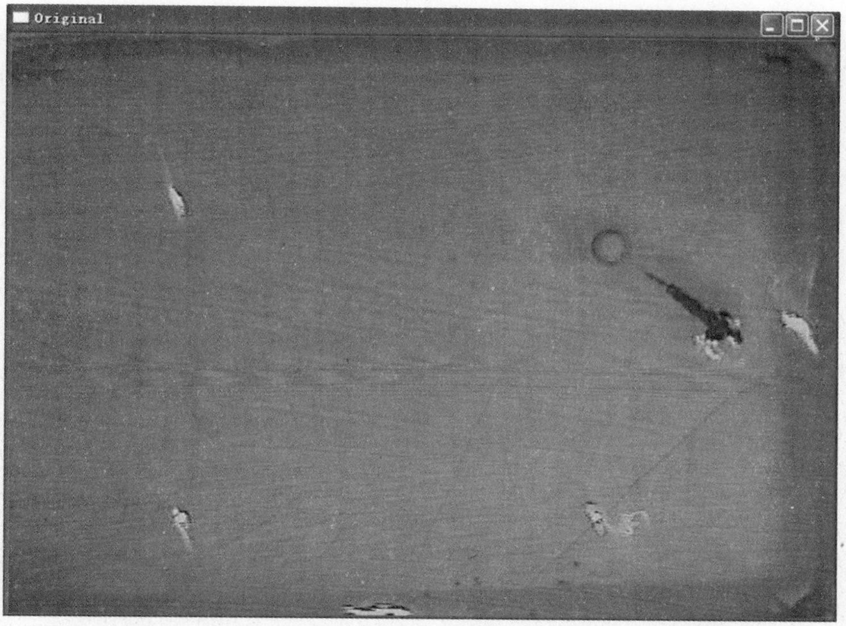

图 6.4　目标进入原光源反光区域使得反光区域产生变化示意图

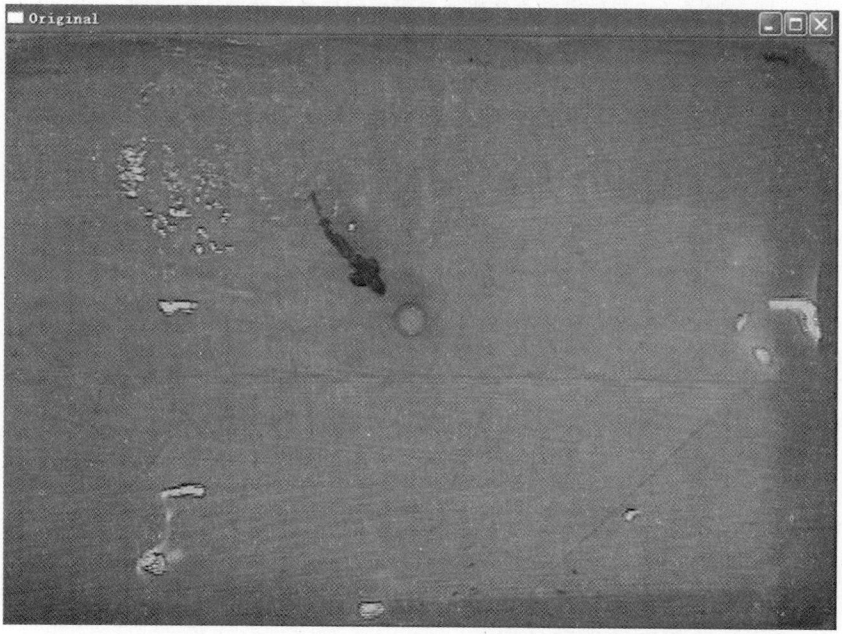

图 6.5　目标游离反光区域后产生大量噪点示意图

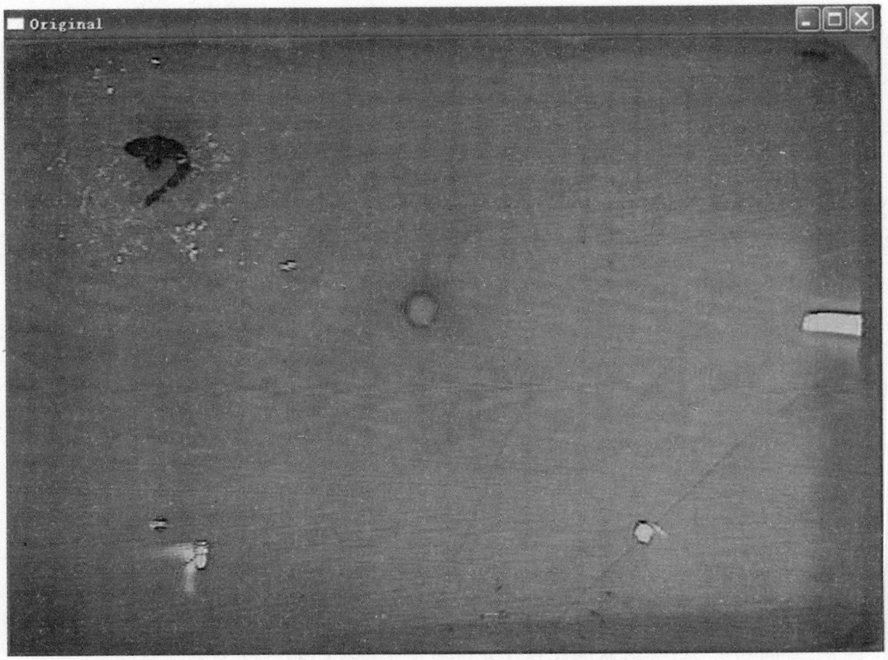

图 6.6　目标游动产生水波使得部分反光区域消失示意图

6.1.3　双阈值法

由于在光照的时候，水池底部可能会产生目标的阴影，从而容易导致误将阴影也提取成为前景。事实上，由于反光和阴影的影响，无法在简单的背景差后，通过一个单一的阈值判断前景和背景。在用背景减方法的时候采用了双阈值法，从而使得目标物体有效地被提取，而目标阴影仍然被当作背景不被提取。这里主要是由于阴影灰度值相比于目标，更接近于背景，通过双阈值法，能够很好地提取目标的灰度图。图 6.7 为没有使用双阈值法时的前景提取图。图 6.8 为使用双阈值法后的前景提取图。通过对比，可以从图 6.8 中明显看出，使用双阈值法后，所提取的前景信息更加准确，不再像图 6.7 中那样在目标周围仍有较暗淡的前景点。

6.1.4　前景图像的提取结果

图 6.9 和图 6.10 为机器鱼目标经过水面反光区域时的原始图像以及前景

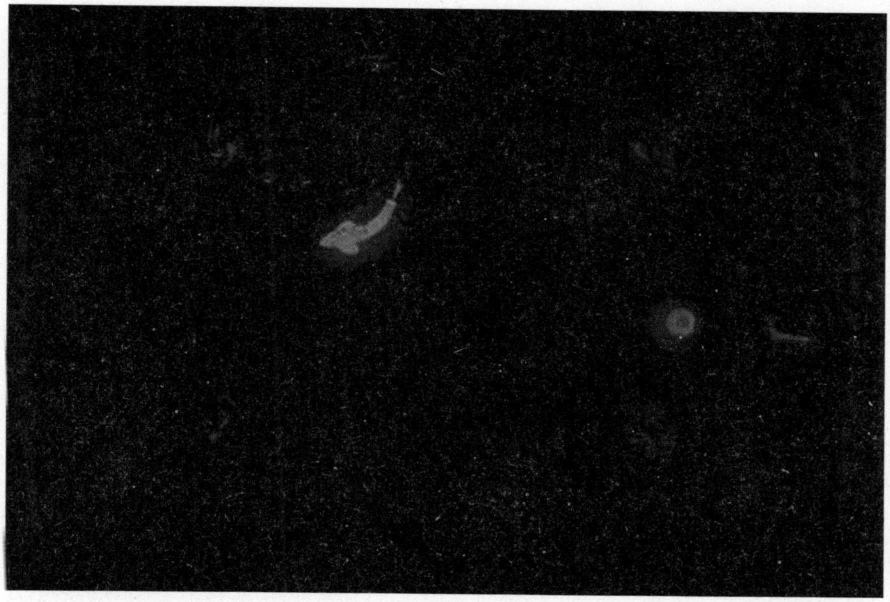

图 6.7　没有使用双阈值法时的前景提取图

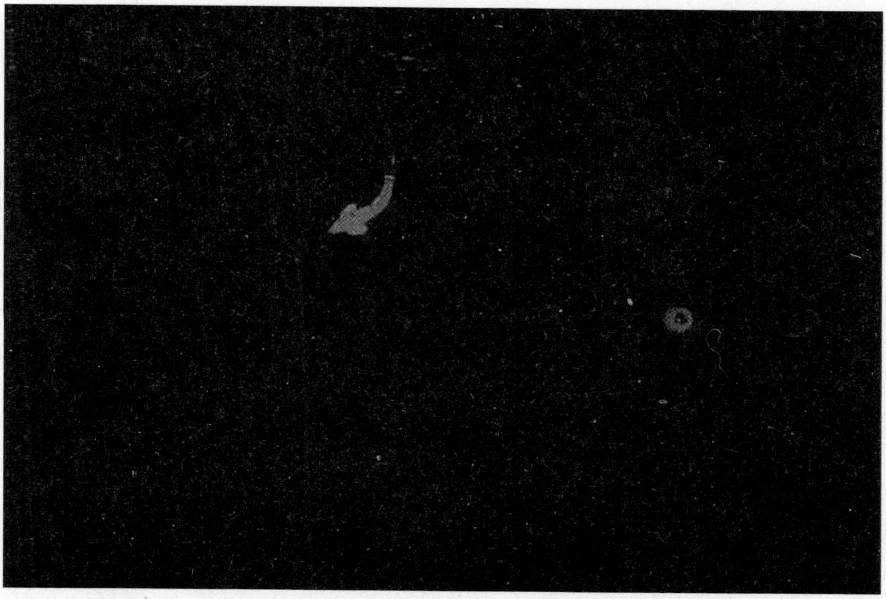

图 6.8　使用双阈值法时的前景提取图

提取图，从图中可以很清晰地看到，前景信息被很好地提取并有效地减少了水面反光对提取前景图像时的影响。

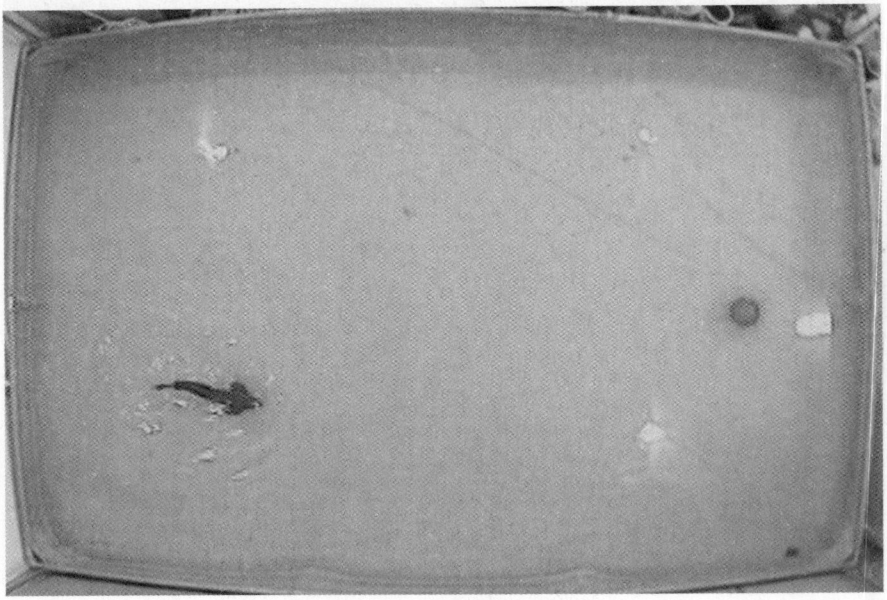

图 6.9　原始图像

图 6.10　前景图像

针对水面环境的特殊性，对采集到的实验环境的原始图像进行背景建模并提取前景，得到目标较为清晰、背景噪点较少的前景提取结果。

6.2 机器鱼模板设计

传统的基于灰度相关法模板匹配的模板是完整的灰度图，将前景提取后的前景图像与针对机器鱼所特定设计的模板进行识别和匹配跟踪。

考虑到算法的实时性要求，即每帧运算的时间要小于 40 ms，也就是每秒 25 帧的速率。图像的采集和传输也需要一定的时间，以及前期进行的前景图像的提取，所以留给目标跟踪的时间会非常的有限。因此使用了实时性较好的模板匹配算法，并在此基础上进行了优化，以使其符合多目标跟踪的要求。

由于所需要跟踪的机器鱼目标是非刚体的，它的尾部在游动过程中会不停摆动而发生形变，然而机器鱼的头部却是刚性的，而且所占机器鱼整体的比例较大。因此可以对机器鱼的刚性部分进行模板匹配从而完成对目标的跟踪。所以，使用了静态模板的匹配来完成对机器鱼目标的跟踪。

在设计机器鱼模板的时候，最容易想到的方法是把机器鱼所处区域内的全部像素作为模板，但是这样就忽略了边界的存在。然而如果要考虑边界的话，就要对图像的边缘进行识别，这在水面这种干扰较多和包括多目标识别的情况下，边缘识别的效果不是很理想。因此，本文提出了一种综合的替代方法。使用前景模板和背景模板两个模板来匹配一个机器鱼目标。

以鱼头中心为模板中心，保持鱼头位置不动，由于机器鱼在各种形态下，包括鱼头在内的前半部分是不发生形变的，因此需要针对各种形态下前景和背景的交集建立背景和前景模板。如图 6.11 所示，就是目标匹配时使用的模板。

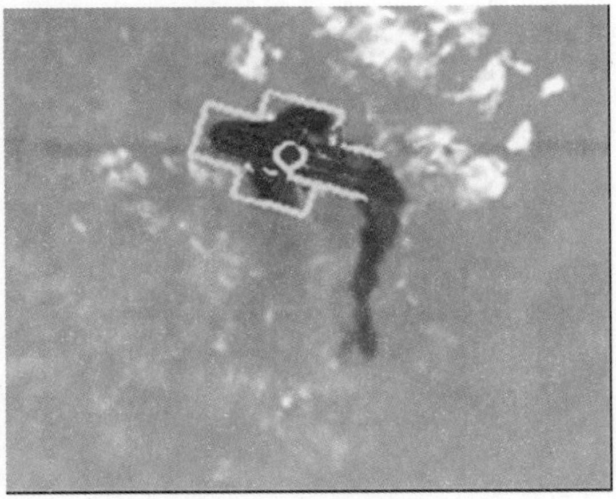

图 6.11　匹配模板示意图

设计模板时所用的 C ++ 源码如下：

```
TargetFishTriTwo::TargetFishTriTwo():xc(0),yc(0),beta(0),totLineFull(0),totLineBlank(0),outfont(NULL),pp(0),flag(60),p2(0)
{
////////////////////绘制机器鱼的前景线////////////////////
addLineFull( 20 * TRISIZE ,  4 * TRISIZE , 20 * TRISIZE , -4 * TRISIZE );
addLineFull( -30 * TRISIZE ,  0          , 22 * TRISIZE ,  0          );
addLineFull( -14 * TRISIZE ,  4 * TRISIZE , 20 * TRISIZE ,  4 * TRISIZE );
addLineFull( -14 * TRISIZE , -4 * TRISIZE , 20 * TRISIZE , -4 * TRISIZE );
addLineFull( 0            , 13 * TRISIZE , 0            , -13 * TRISIZE );
addLineFull( 0            , 13 * TRISIZE , 11 * TRISIZE ,  4 * TRISIZE );
addLineFull( 0            , -13 * TRISIZE , 11 * TRISIZE , -4* TRISIZE );
////////////////////绘制机器鱼的背景线////////////////////
addLineBlank( -25.0 * TRISIZE, -7.0 * TRISIZE, -10.0 * TRISIZE, -7.0 * TRISIZE );
addLineBlank( -25.0 * TRISIZE,7.0 * TRISIZE,10.0 * TRISIZE, 7.0 * TRISIZE );
addLineBlank( -10.0 * TRISIZE, -7.0 * TRISIZE, -10.0 * TRISIZE, -17.0 * TRISIZE );
addLineBlank( -10.0 * TRISIZE,7.0 * TRISIZE, -10.0 * TRISIZE, 17.0 * TRISIZE );
addLineBlank( -10.0 * TRISIZE, -17.0 * TRISIZE,12.0 * TRISIZE, -17.0 * TRISIZE );
addLineBlank( -10.0 * TRISIZE,17.0 * TRISIZE,12.0 * TRISIZE, 17.0 * TRISIZE );
addLineBlank(12.0 * TRISIZE, -17.0 * TRISIZE,12.0 * TRISIZE, -9.0 * TRISIZE );
```

```
addLineBlank(12.0 * TRISIZE,17.0 * TRISIZE,12.0 * TRISIZE,9.0 *  TRISIZE );
addLineBlank(12.0 * TRISIZE, -9.0 * TRISIZE,27.0 * TRISIZE, -9.0 *  TRISIZE );
addLineBlank(12.0 * TRISIZE,9.0 * TRISIZE,27.0 * TRISIZE, 9.0 *  TRISIZE );
addLineBlank(27.0 * TRISIZE, 9.0 * TRISIZE,27.0 * TRISIZE,  -9.0 *  TRISIZE );
return ;
}
```

6.3 基于模板匹配的跟踪

在每一帧图像上将模板 T 叠放、平移，把模板所在的实时图像中搜索区域记为 $S^{i,j}$，其中 i，j 为 $S^{i,j}$ 左上角的像素点在每一帧图像里的坐标，并称之为参考点。模板 T 的大小记为 $P\times Q$，每一帧图像的大小记为 $M\times N$，则 i，j 的取值范围为

$$0 < i < M - P - 1;0 < J < N - Q - 1$$

比较 $S^{i,j}$ 和 T 的内容,可以用以下两种测度来衡量 $S^{i,j}$ 和 T 的相似程度

$$D(i,j) = \sum_{m=1}^{P}\sum_{n=1}^{Q}[S^{i,j}(m,n) - T(m,n)]^2 \tag{6.1}$$

或者

$$D(i,j) = \sum_{m=1}^{P}\sum_{n=1}^{Q}|S^{i,j}(m,n) - T(m,n)|^2 \tag{6.2}$$

为了描述一个确定了的模板与视频图像中目标的匹配程度，可以引入评价函数 F（P），那么，目标的跟踪问题就转换成为求评价函数极大值的问题。用 P_t（x，y，α）表示机器鱼在 t 时刻的位姿，其所处位置坐标为（x，y），模板主方向与 x 轴正向的夹角为 α。F（P）表示位姿 P 下的估计值。设 C_{t+1} 为 $t+1$ 时刻所有可能的位姿，则有

$$P_{t+1} = P_0 \in C_{t+1} \mid F_t(P_0) = \max_{P\in C_{t+1}} F_t(P_0) \tag{6.3}$$

跟踪算法的效果和实时性由 F（P）和 C_{t+1} 两方面决定。

$$F_t(P) = F(P) + D(P - P_t) \tag{6.4}$$

其中，F（P）表示位姿 P 下，模板的匹配程度，可以简单对图像中一致的点进行计数，也可以考虑到图像中的灰度值，建立函数；D（$P-P_t$）表示位姿 P 与 t 时刻的位姿 P_t 的距离函数。引入这项的目的是使得到的位姿信息更加稳定，得到与上一帧相近的最优匹配点。这一点也与实际情况相符。C_{t+1} 的大小决定了算法的运算规模，合理地设置 C_{t+1} 是算法实时性的保证。

6.4 算法流程图

算法流程图如图 6.12 所示。

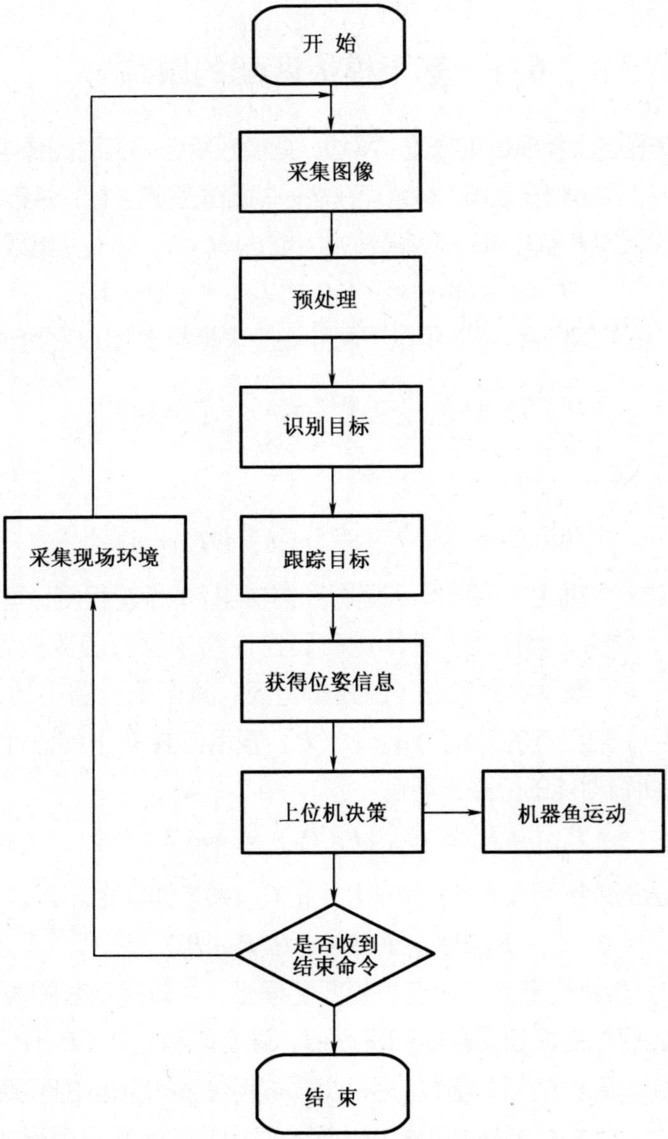

图 6.12 算法流程图

6.5 面向多机器鱼的跟踪实现

由于单条机器鱼本身功能有限，无法完成一些复杂任务，因此需要采用多机器人协调来完成面向实际应用的各种任务。为了研究多水下机器人的协作提供一个完善的实验平台，同时也为多水下机器人协作领域的理论研究和实验验证打下良好的基础，因此在实验室构建了多机器鱼协作系统。

本文使用的模板匹配算法在得到目标坐标的同时，还能够得到机器鱼鱼头的朝向，从而获得机器鱼的实时位姿信息，这对于进行多机器鱼的跟踪，乃至于进一步在多机器鱼协作控制系统中的应用，奠定了后续控制的基础，也有了更大的帮助。在面向多机器鱼跟踪的时候，依旧采用模板匹配算法。

6.5.1 遮蔽模板（Mask）

跟踪多机器鱼目标的情况不同于跟踪单个机器鱼目标，多个机器鱼目标互相靠近的时候，会对跟踪产生干扰。如何减小或者避免这样的干扰便成了实现多目标跟踪的首要问题。针对这种情况，本文设计了遮蔽模板（Mask）。

（1）遮蔽模板的定义　设计的遮蔽模板是对应于每个目标而设计的，它是该目标中所有点的集合。而该点集属于对应的机器鱼目标特有，不会被其他目标所共有。

（2）遮蔽模板的近似　考虑到跟踪的机器鱼目标尾部是非刚体，每个目标机器鱼的形状都是动态变化的，为了方便对 Mask 点的提取，本文对 Mask 作了近似，选取目标所在区域的两个三角形区域中包含的所有前景点，即认为是该目标的近似 Mask。

6.5.2 算法概述

（1）手动选取目标、确定目标　对于图像中的多个目标，需要依次手动选取目标。

（2）为每个目标更新前景图　对于每个目标的前景图进行更新。

（3）为每一个目标分别进行跟踪　与跟踪单个机器鱼目标不同的是，每一个目标分别在自己所更新的前景图中进行跟踪。由于引入了 Mask，能够很好地避免多目标靠近时产生的干扰。

6.5.3 算法实现

在水池中放入多条机器鱼，来测试算法能否满足跟踪多机器鱼的实时性。实验时在 Visual Studio 2008 上运行控制平台，在跟踪一个目标的时候，系统处理每帧图像的时间约为 30 ms；在跟踪二至四个目标的时候，系统处理每帧图像的时间约为 47 ms；在跟踪五至八个目标的时候，系统处理每帧图像的时间约为 63 ms；在跟踪九至十六个目标的时候，系统处理每帧图像的时间能维持在 100 ms 之内。而且在前景图像中，在面向多机器鱼的时候也能够有很好的识别效果。具体跟踪效果及前景图像如图 6.13 至图 6.16 所示。

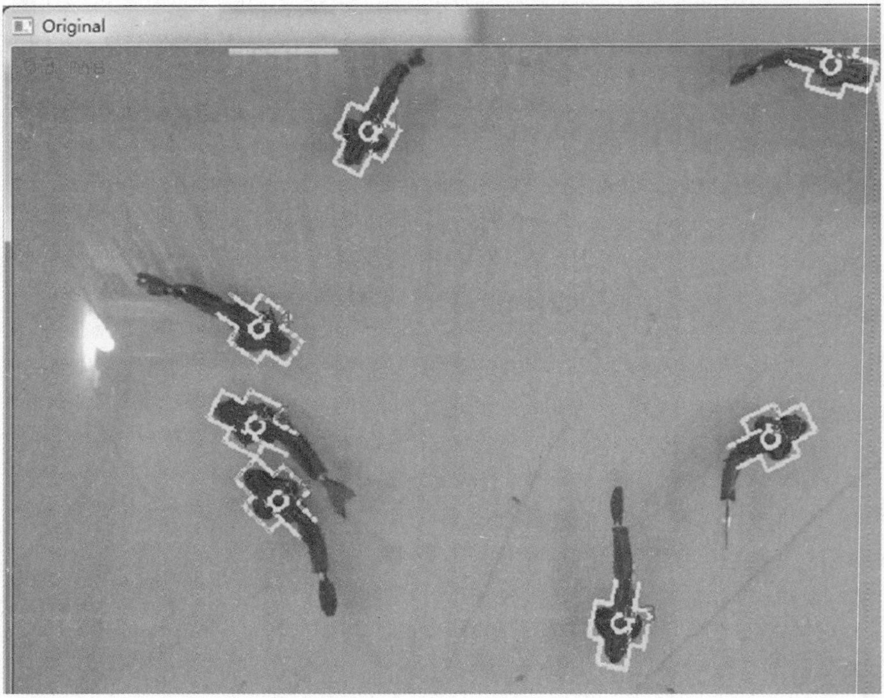

图 6.13　跟踪效果图 I

由此可以看出，本文的算法能够很好地满足跟踪系统对实时性的要求。当机器鱼多于八条的时候，算法能够勉强保证实时性，基本满足要求。考虑到现在任务中一般最多只会使用到不超过四条机器鱼，因此，该算法可以满足多机器鱼协作控制系统的要求。

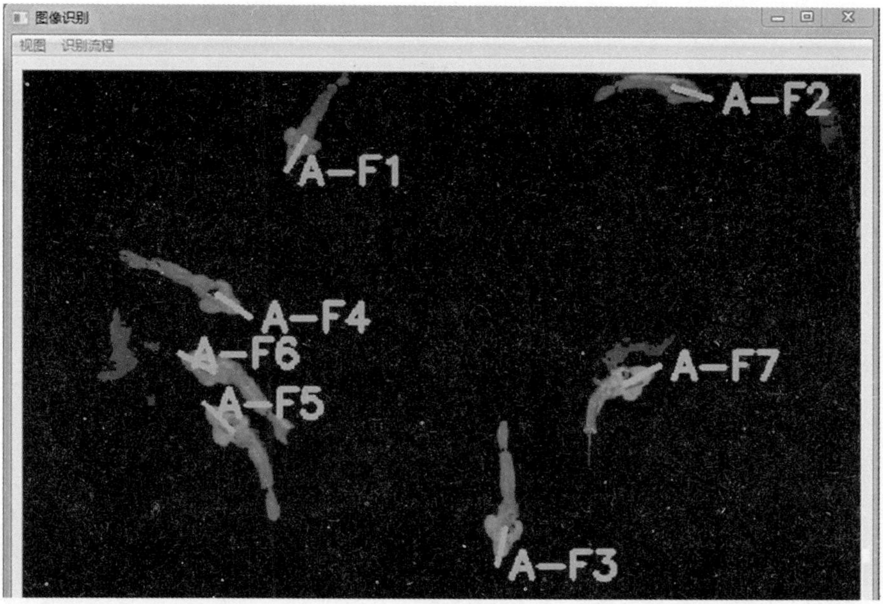

图 6.14　前景图像 I

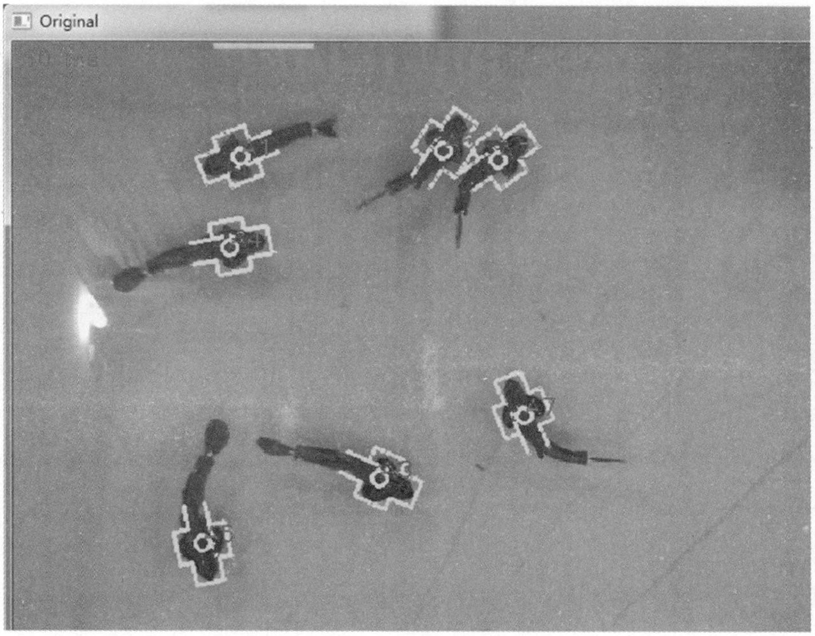

图 6.15　跟踪效果图 II

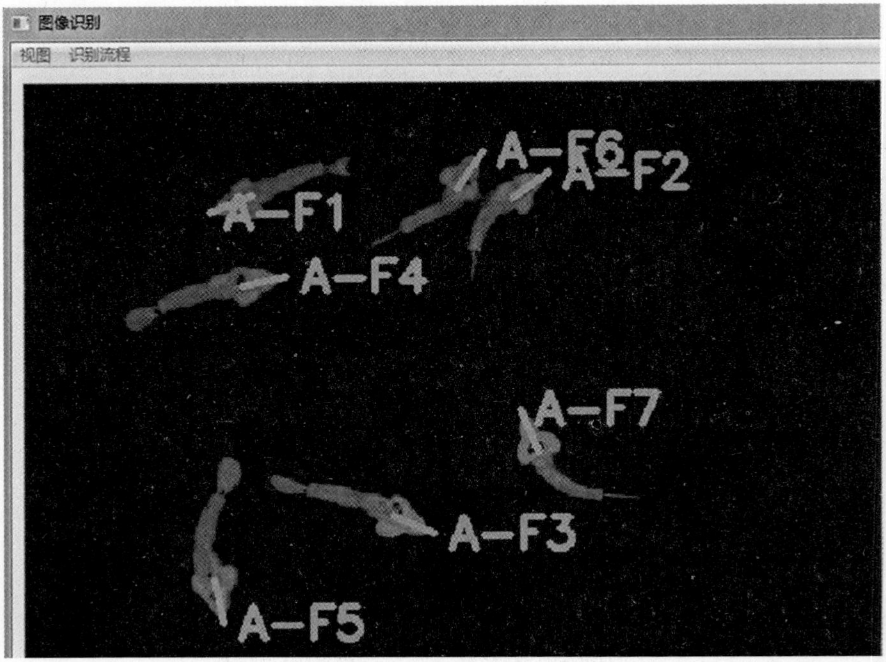

图 6.16 前景图像 II

本章小结

本章根据机器鱼刚体部分的形状特征，建立目标近似的背景模板和前景模板，采用模板匹配方法完成对单机器鱼目标的跟踪，算法的实时性较好。由于模板能准确与机器鱼头部匹配，算法能得到较为精确的机器鱼头部坐标以及机器鱼头部朝向，为多机器鱼的跟踪打下良好的基础。

基于模板匹配的算法，在实现多机器鱼跟踪的时候引入了遮蔽模板（Mask），能够减少多机器鱼之间的相互干扰与影响，成功地对多机器鱼目标进行跟踪。随后将算法成功引入多机器鱼协作控制系统中，使得选取目标后能够完成对多条机器鱼的实时跟踪并反馈目标所在位置及位姿信息。

思考与习题

6.1　水池全景环境中的背景建模有哪些难点?

6.2　什么是双阈值法? 谈谈你对双阈值法的理解。

6.3　面向多机器鱼的跟踪实现有哪些方法? 简述之。

第7章　多水下机器人协作系统位姿计算

7.1　机器鱼的位置

1. 机器鱼的中心

由于机器鱼游动方式引起其游动时会左右摆动，而我们为了减少对其定位以及运动状态计算上的误差，根据经验我们定义与两胸鳍连线鱼主体焦点为机器鱼的中心（如图7.1所示，中间圆圈表示机器鱼中心）。

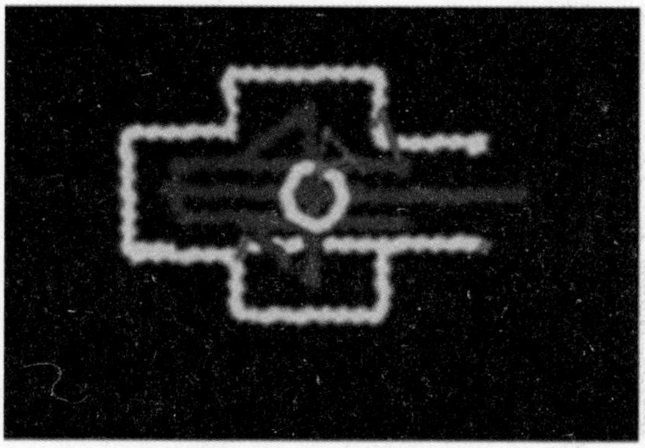

图7.1　机器鱼中心示意图

2. 程序实现

```
BOOL CRecogAlgorithm::recognize(IplImage * pt,IplImage * pd,CFishInfo m_FishInfo[],
CBallInfo &m_goalinfo,CObstaInfo m_obst[])//pt 待识别图像,pd 结果图像
{
…………
Pos a;
a = targets[i] -> getPos();
CPoint tmp(a.y,a.x);
```

```
m_FishInfo[i-1].SetInfo(tmp,a.arg,0);//a.arg 即为机器鱼的朝向信息,传递到机器鱼信息的结构体中。
…………
}
```

7.2 机器鱼的方向

1. 机器鱼的方向

机器鱼的方向就是机器鱼模板匹配的鱼头方向（如图 7.1 所示，模板鱼头方向指向左，故鱼方向指向左）。

2. 程序实现

```
BOOL CRecogAlgorithm::recognize(IplImage * pt,IplImage * pd,CFishInfo m_FishInfo[],CBallInfo &m_goalinfo,CObstaInfo m_obst[])//pt 待识别图像,pd 结果图像。
{
…………
Pos a;
a = targets[i]->getPos();
CPoint tmp(a.y,a.x);
m_FishInfo[i-1].SetInfo(tmp,a.arg,0);//a.arg 即为机器鱼的朝向信息,传递到机器鱼信息的结构体中。
…………
}
```

3. 机器鱼的速度方向

由相邻两次采样所得的机器鱼中心连线所得方向即为机器鱼的速度方向（如图 7.2 所示，$B(t-\delta t)B(t)$为机器鱼的速度方向）。

4. 程序实现

```
void CFishInfo::CalSpeed()//计算速度、角速度和速度方向。
{
…………
vdir = atan2((double)cpt.y,(double)cpt.x);//速度方向。
…………
}
```

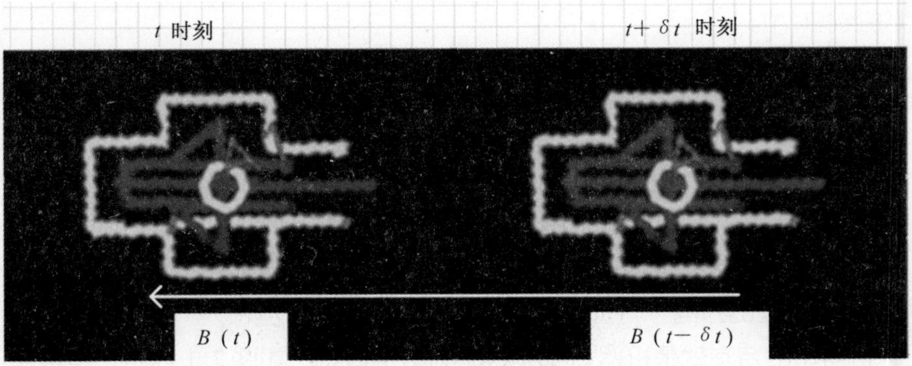

图 7.2　机器鱼方向示意图

7.3　机器鱼的线速度

1. 机器鱼的速度

$$v(t) = \frac{\delta S(t)}{\delta t} \tag{7.1}$$

$$\begin{aligned}\delta S(t) &= |B(t - \delta t)B(t)| \\ &= \sqrt{[x(t) - x(t - \delta t)]^2 + [y(t) - y(t - \delta t)]^2}\end{aligned} \tag{7.2}$$

其中,$x(t)$,$y(t)$为 t 时刻机器鱼中心的横、纵坐标;而 δt 为我们所选取的间隔时间。

理论上来说,δt 取得越小,公式(7.1)所得到的速度值越精确,但由于游动时机器鱼的左右摆动会引起机器鱼中心的左右晃动,因此 δt 取得太小会使得线速度受到横向偏移影响,误差较大,而 δt 取得太大又会使得速度实时性变差,所以根据经验我们取 $\delta t = 400$ ms,从而使得中心左右的偏差对求得的速度误差影响较小,并保证了线速度的实时性。

2. 程序实现

```
void CDlgInfoDisplay::drawvideo(void)
{
………………
Vtemp = (sqrt(v_x * v_x + v_y * v_y))/DeltaTime;///0.44;/(m_iStepTimes * 0.04);//此
```

处计算出的速度只用于速度保存，信息显示及 fishinfo 类里的速度值还是按 40 ms 为周期计算的，编程时注意这一点。

………………

}

7.4 机器鱼的加速度

机器鱼的加速度

$$a(t) = \frac{\delta v(t)}{\delta t} \tag{7.3}$$

$$\delta v(t) = v(t) - v(t - \delta t) \tag{7.4}$$

δt 取法同第 7.3 节相同。

由于加速度在平台使用中很少用到，所以如果有需要用到的，可以另外在平台中自行添加并编写。

思考与习题

7.1 如何确定机器鱼的质心？

7.1 如何计算机器鱼的速度以及加速度？

第 8 章　多水下机器人协作系统应用实例

目前，北京大学智能控制实验室已经建立了一套示教性强，灵活实用的多机器人协作系统——多仿生机器鱼协作系统，为研究多水下机器人的协作协调问题提供一个通用的平台。平台不仅仅能够满足水球比赛，而且还能够满足别的协作任务，例如顺序过孔、多鱼队形等的要求。

多机器鱼协作可以描述为多条机器鱼在一个实时、复杂环境下通过协作、配合完成一个共同的任务。多水下仿生机器鱼协作控制的研究有着广泛的应用前景，可以在水下探测、海上侦察搜救、海上多传感器采样网络及其他军事任务中发挥重要作用。

虽然微小型机器鱼具有灵活、机动的特点，但由于本身功能有限，往往不能胜任一些复杂任务。因此，需要利用多机器人系统的诸多优点，采用多机器鱼协调来完成各种面向实际应用的任务，同时力争为研究多水下机器人的协作、协调提供一个较完善的实验性平台，为多水下机器人协作领域的理论研究和实验验证打下基础。

通过对现有的陆地及空中多机器人协作系统的研究，并结合仿生机器鱼本身的特性，我们认为，一个多仿生机器鱼的协作系统应该满足以下要求：

（1）通用性强　鉴于多仿生机器鱼协作系统是为多水下机器人协作领域的理论研究提供一个平台和基础，它必须适应各种算法和任务，而不应该专门针对某一种算法和协作任务而设计。

（2）可扩展性好　基于该系统，用户能很方便地扩展协作任务和算法。不同的任务和算法需要的机器鱼个数不一致，因此系统至少要能同时兼容 1 ~ 8 条机器鱼工作。实验场地理论上越大越好，但由于实际条件受限，我们的实验场地为一个 3.3 m × 2.3 m 的水池。

（3）友好的图形用户界面　友好的图形用户界面提供可视化的编程及实验参数设置环境，使实验人员可以方便地构建不同的实验环境来检验协作算法的有效性。

（4）模块化的软件设计　模块化的软件设计方案使系统开发人员更容易维护和改良。把协作算法及环境信息存取模块化，可以让用户在不清楚底层程序的情况下也能方便地扩充并检验自己的协作算法。

（5）实时图像处理、实时控制　由于我们的系统不是仿真平台，而是在真实水环境中研究多机器鱼协作的系统，因此该系统必须满足实时图像处理、实时控制的要求。这样我们必须对图像识别算法进行深入的优化。

（6）数据记录及回放功能　通过数据库记录重要的实验数据，一方面可以用于离线的算法分析，另一方面，可以结合智能学习算法进行在线学习、实时参数优化和更新。此外，为了更直观地得到实验结果，系统还应对实验过程进行实时记录。

我们已经进行了大量的实验和测试，目前，平台不仅能够完全满足机器鱼水球比赛的要求，而且还能够完成大量的别的多机器鱼协作任务，下面是我们试验的情况。

在平台开发和使用的初期，最早被用来机器鱼比赛。

8.1　多水下机器人水球比赛

8.1.1　基于强化学习的对抗策略

对抗赛中，双方将采取不同的策略，这里，我们将主要对其中一方（例如A方）的算法进行设计，对于另外一方，我们假设它们采取了第3章所提出的基于动作的反应式的算法。具体来说，我们为守方设定几个基本的动作，包括正面击球、侧击球、尾部击球、过冲回防，在不同的情况下采取相应的动作。

（1）正面击球　当球位于机器鱼和球门的中间，机器鱼将力图以最准确的姿态把球顶到离球门较远的地方。

（2）侧击球　当机器鱼实施了正面顶球的动作，接近水球时却由于各种原因略偏离了最佳进攻点，此时机器鱼将采用甩头的动作进行侧面击球，借此使水球远离球门。

（3）尾部击球　当机器鱼顶球过程中，前半部身体已经越过水球，此时，机器鱼将借助灵活的尾部甩尾击球。

（4）过冲回防　当机器鱼由于种种原因没有有效顶到球，过冲到球和球门之间，这种情形非常危险，此时，机器鱼将采取快速返回到水球后面的动作，同时重新实施顶球动作。

8.1.2 基于行为的协作结构

图8.1是一个基于行为的协作框架，分为四个层次：第一个层次是角色分配，在这一层里我们定义了两个角色——进攻者和截击者；每个角色都有若干行为，包括反应式行为和协商式行为，所谓反应式是指对环境变化或刺激做出的本能性直接反应，而协商行为是有目的性的行为；行为由动作序列构成，动作是一组步态或是一种游动模式，可以通过仿生或反复试验获得。理论上讲，每层中都可以应用学习算法，但考虑到任务的特点和效率，我们仅在协商行为中加入学习过程，其他反应式行为都采用了基于经验的手动编码形式（Hand - Coding）。

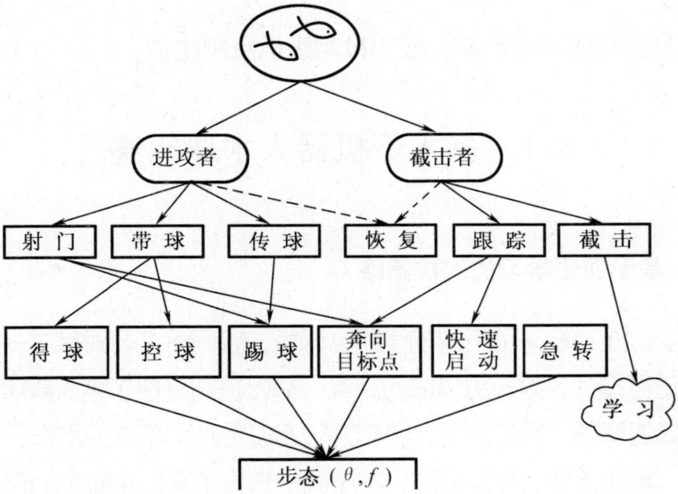

图8.1 基于行为的协作框架图

截击行为相对进攻更加复杂，需要辨别形势，并且要考虑到水环境的特殊性。因此我们让机器鱼采用强化学习算法逐步学会如何当好截击者。

8.1.3 水球比赛内容

在多仿生机器鱼协作平台的基础上，我们提出了一个生动且颇具趣味性的问题——机器鱼水球比赛（RoboFish - Cup）。其基本形式是两组机器鱼进行对抗，将水球顶进对方球门。

比赛实时效果如图 8.2 所示，比赛的场景顺序从（a）到（h）。

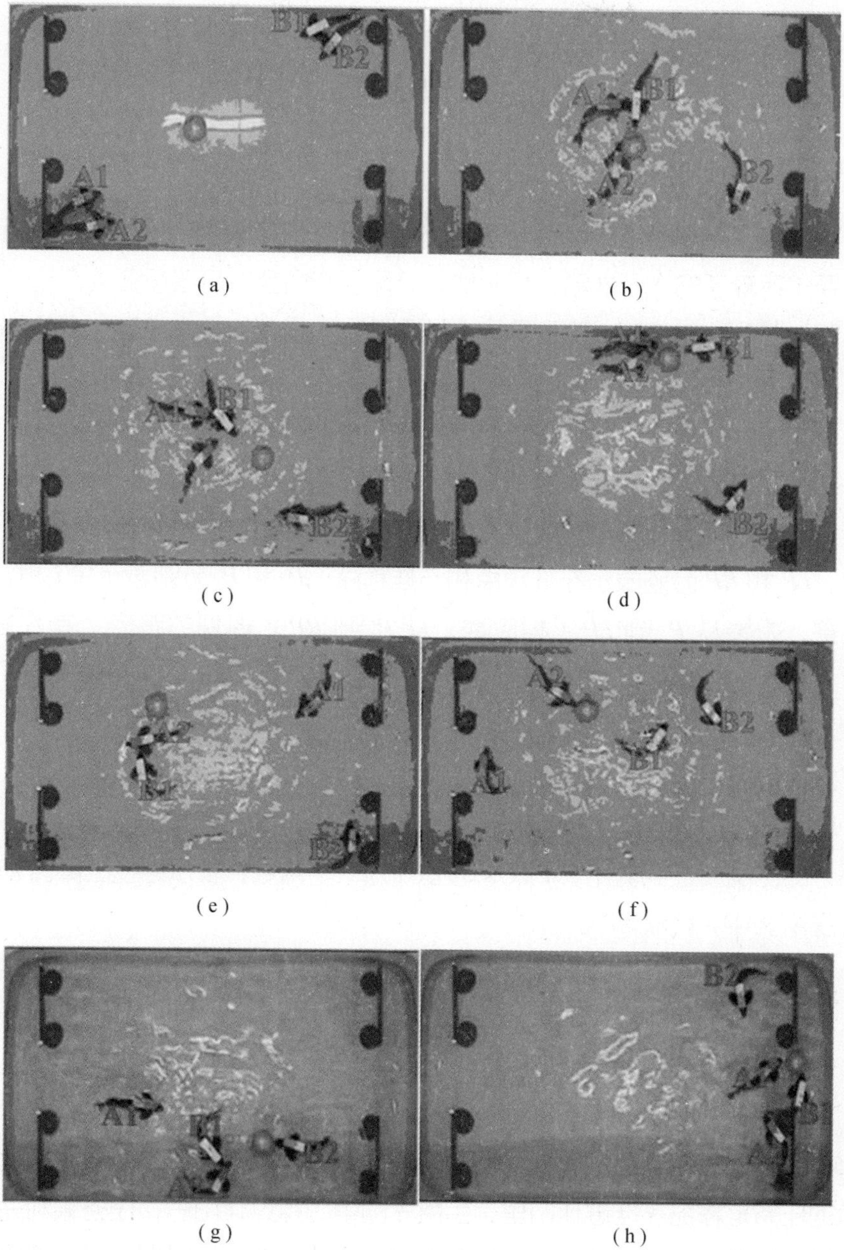

(a) (b) (c) (d) (e) (f) (g) (h)

图 8.2　机器鱼水球比赛示意图

8.2 基于状态-动作选择的协作推盘子

接下来是机器鱼协作运输系统的开发与实现，其中包括机器鱼协作推盘子（图8.3）和协作运箱子（图8.4），其原理介绍如下。

8.2.1 角色分配机制

在协作运输任务中，定义两个角色：左角色和右角色。分配了左角色的机器鱼要求在箱子的左侧推箱；相应地，分配了右角色的机器鱼要求在箱子的右侧推箱。以 len（A；B）表示根据“舒适圆”法规划的从 B 点到 A 点的路径长度。用以下的代价函数来评价角色分配：

$$\begin{cases} F(A) = |WL(i) - WR(j)| + k(WL(i) + WR(j)) \\ WL(i) = \text{len}(LP, P_i) + CNL_{obj} \\ WR(j) = \text{len}(RP, P_j) + CNR_{obj} \end{cases} \tag{8.1}$$

其中，LP 和 RP 分别表示左推箱点和右推箱点。P_i 和 P_j 分别表示鱼 i 和 j 当前的位置，如果从 P_i 到 LP（相应地，从 P_j 到 RP）规划的路径上存在障碍，NL_{obj}（相应地，NR_{obj}）为1；否则，为0；$WL(i)$ 和 $WR(j)$ 分别为鱼 i 和鱼 j 分配左角色和右角色的代价，代表机器鱼移向推箱点的大致时间损耗。任务分配的优化即是要最小化 $F(A)$，其前一部分为使两条机器鱼同步到达推箱点，后一部分为了使总代价最小化。k 为一个正常数，可以调节 $F(A)$ 前后两部分的比例（在实验中，k 取0.3）。C 为一个常数，表示路径上障碍物的影响（在实验中，C 取50）。

8.2.2 协作任务

首先我们介绍一下协作任务。

在一个3 050 mm×1 830 mm×560 mm的水池中有三条机器鱼和一个直径为25 cm的盘子漂浮在水面上，水池的右边有一个球门，宽30 cm。这三条机器鱼的任务是将盘子推进球门里，当盘子的中心越过球门后，任务顺利完成。

基本原理：将盘子分区，主要分为进攻区域、左助攻区域、右助攻区域和过冲区。

（1）进攻区　有效进攻区域，在此区域中，机器鱼可以直接沿着目标方向单独推动盘子。

（2）左助攻区域　部分有效进攻区域，在此区域，一个机器鱼很难有效地将盘子推向目标点方向，需要借助处于进攻区域的同伴帮助，协力将盘子沿正确方向推进。

（3）右助攻区域　类似于 LAPR，也是一个部分有效进攻区域。

（4）过冲区　这是个禁区，一旦机器鱼进入这个区域，它将处于盘子和球门之间，此时，机器鱼禁止接触到盘子，而必须首先调整自己的位置，进入一个有效进攻区域，再选择合适的动作。

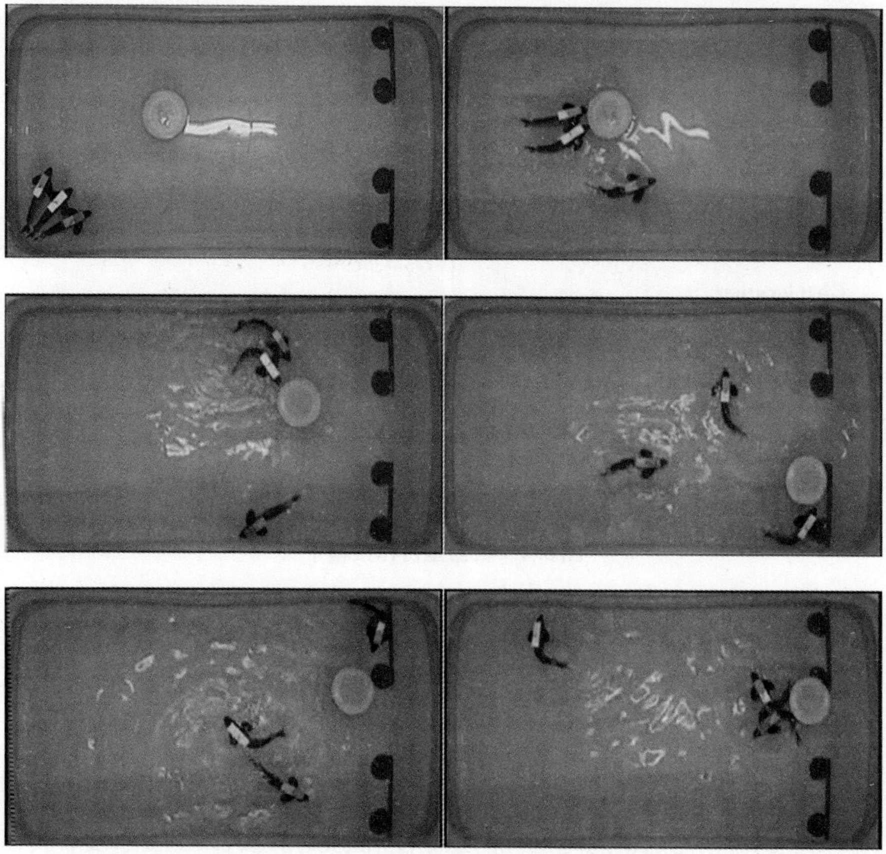

图 8.3　机器鱼协作推盘子示意图

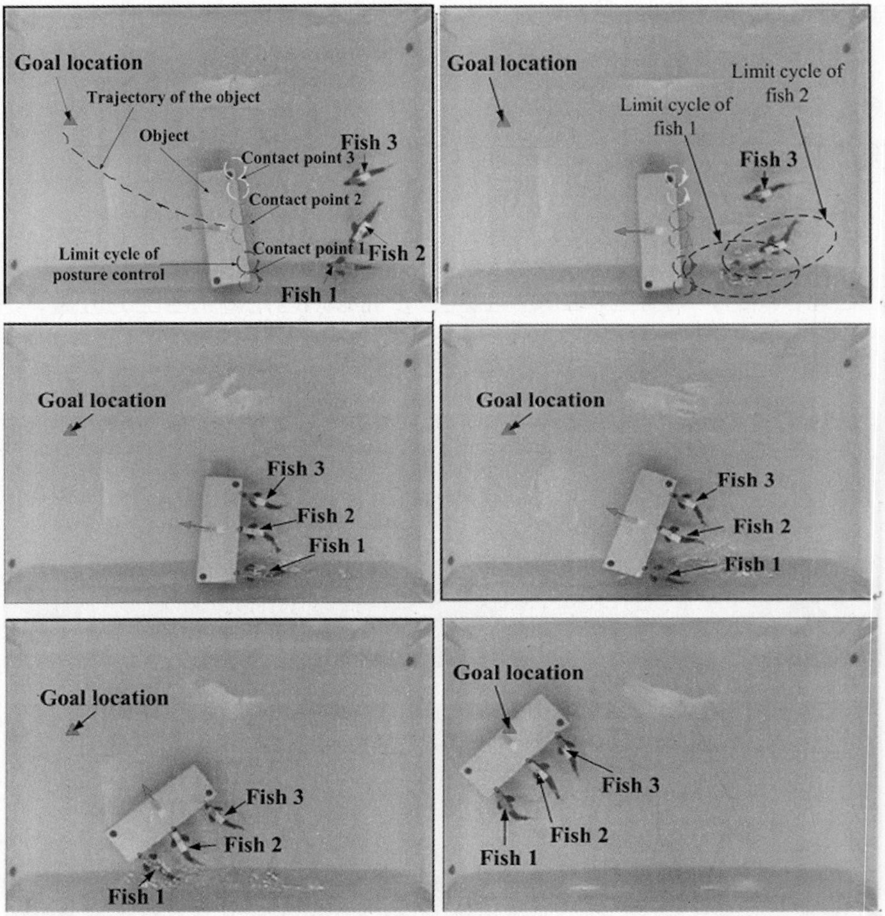

图 8.4　机器鱼协作推箱子

8.3　多仿生机器鱼协作运输系统的开发与实现

前面已经给出了一套仿生机器鱼水下运输系统，并探讨了水下运输任务中多个机器鱼的协作方法。为简化机器鱼路径规划及行为决策的复杂度，提出了基于“情况”的“舒适圆”方法；为实现机器鱼的位姿控制，给出了极限环方法；另外，为解决水下环境中机器鱼的同步控制及运输方向控制问题，设计了一个模糊控制器来协调机器鱼的运动。

8.4 基于流场的多机器鱼队形控制研究

群体队形（Formation）行为具有其生物学意义，是生物经过长期进化形成的行为。动物们通过保持一定的形状或者在运动中保持不变的相对位置来联合自己的感觉器官，更加有效地获取环境信息，快速发现食物源、躲避危险、抵御捕食者、及时迁徙及完成其他群体行为。受生物界群体行为的启发，仿生机器人领域的研究人员想到可以让多个机器人彼此协作建立队形，在复杂的环境下完成单个机器人难以胜任的任务，由此产生了多仿生机器人队形控制，将生物界群体行为的原理应用到仿生机器人领域，从而提高系统的性能。

队形控制可以分为三个基本的子问题，即聚合（队形建立）、队形保持和避障。

算法的由来受到流体力学里一些现象的启发。在流体力学中，当黏性流体在非黏性流体上运动时，会有一些有趣的现象发生。例如，一粒油滴漂浮在水面，在遇到障碍物时，油滴会自然而然地发生“变形”，借此躲避障碍物；当成功绕过障碍物后，油滴立即恢复为原来的形状。受这一现象启发，我们将智能体群比拟成一粒油滴，使之具有灵活变形的能力，“弹性”避障。当然，油滴复杂的分子结构和张力特性并不适用于工程控制，我们的目标是通过一个“类油滴”模型来模拟其有序排列且能灵活变形的性质。具体来讲，在群体中引入一个虚拟智能体，负责规划一条无碰的路径，以虚拟智能体作为基点，智能体群建立一个类似刚体的虚拟结构，实现基本队形。考虑到虚拟智能体的无碰路径不能保证队形中每个智能体都成功避开障碍物，我们对刚体结构进行了改造，使之变成一个“柔体”结构，并提出两种变形方式，使得群体能高效地进行避障。

多机器鱼队形控制如图 8.5 所示。

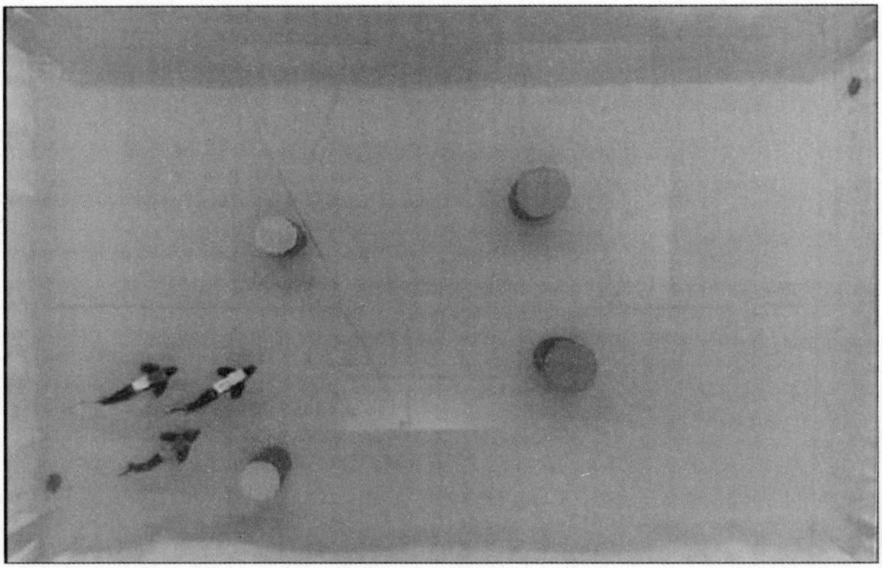

图 8.5　多机器鱼队形控制示意图

8.5　对抗环境下多仿生机器鱼协作爆破

机器鱼在军事领域的应用——协作排爆。

研究了对抗环境下多机器人的协作问题，为机器鱼将来在战场环境下有效地执行任务提供了方法依据。考虑到机器人之间的相互影响关系，定义了两个关键因子——影响因子和冒险因子，并建立了一个基于目标间几何拓扑结构的、统计的任务分配模型。通过此模型，机器人可以展现出在时序上的协作关系。为了降低计算复杂度，给出遗传算法来优化影响因子和冒险因子的相对权重；接着，给出改进的匈牙利算法来解决分配问题。

协作排爆效果如图 8.6 所示。

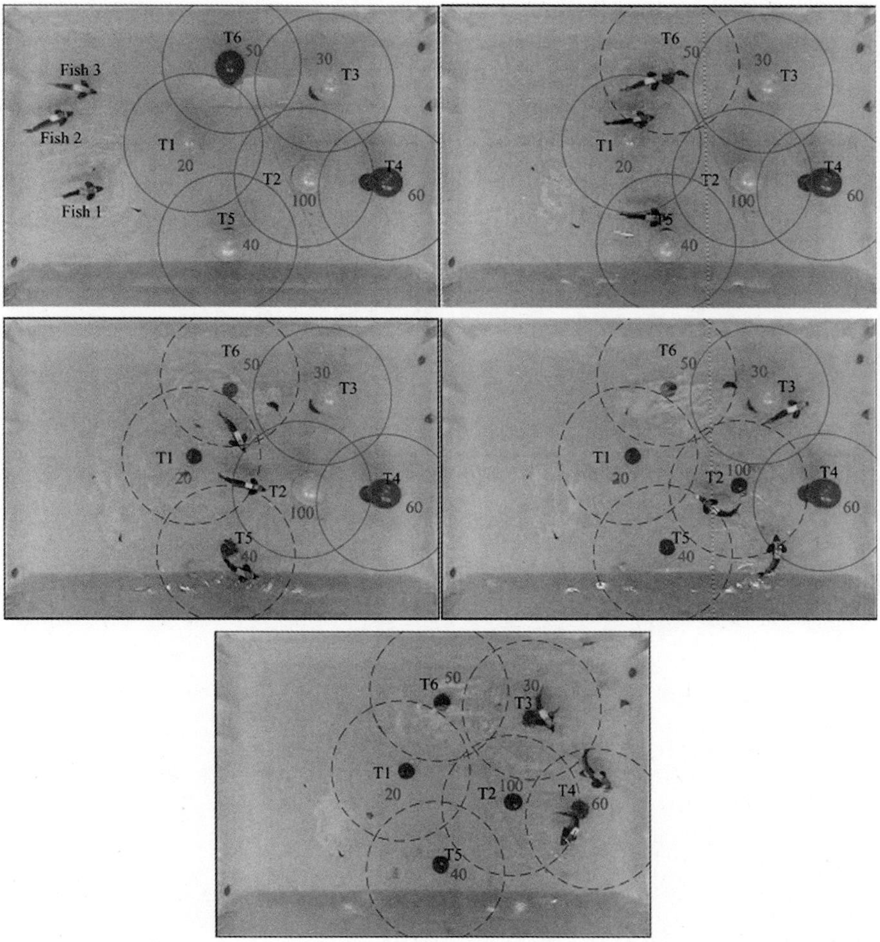

图 8.6　机器鱼协作排爆示意图

思考与习题

8.1　多水下机器人协作系统有哪些应用?

8.2　针对某一应用实例，谈谈你对多水下机器人协作系统的理解。

8.3　在协作推盘实例中，应当注意哪些细节问题?

8.4　什么是基于流场的多机器人队形控制? 对于机器人队形控制，你有哪些改进想法?

参考文献

[1] 邵金燕. 多机器人协作控制研究[D]. 北京:北京大学,2007.
[2] 张丹丹. 多仿生机器鱼协作控制方法研究[D]. 北京:北京大学,2007.

第9章　多水下机器人协作系统实验平台

9.1　系统实验平台场地

以一个水池为基础来说明场地的大小需求、选址注意事项等。如果需要多个水池进行时，水池与水池之间需要隔开适当的距离。因为水池周围需要留有一定的空位置，而且为了防止周围其他人随意出入场地，需要在水池周围设置围栏。

1. 场地大小

场地面积：建议不小于 $4\ m \times 3\ m = 12\ m^2$，如图9.1所示。

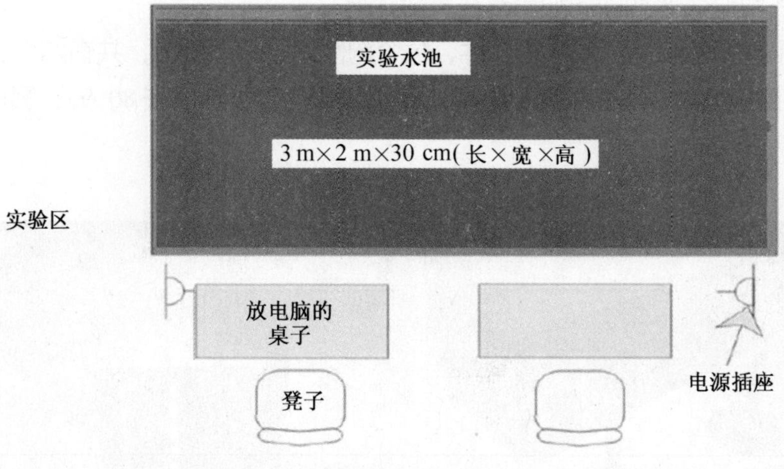

图9.1　多水下机器人协作控制系统实验平台场地示意图

2. 环境要求

由于在实验过程中需要用到颜色识别，因此对灯光的要求比较高。在选址时应该选择光线均匀，而且随时间变化小，强度同普通室内光强类似的地方作为场地。考虑到在全局组的机器人水球实验中，水池正上方需要悬挂一个摄像头，因此要求该场地的竖直方向 3 m 高内没有其他物体。

建议：不要选择离窗子近的地方，以及正上方有强光源的地方作为目标场地。

9.2 系统实验平台所需设备

设备明细这部分以一个机器人水球实验平台所需要的设备来描述。

(1) 电脑　一个实验平台需要电脑两台，要求预装 Windows XP 系统，机箱为普通型（非超薄型），带有并口，CPU 主频 2.0 GHz 以上，内存 1 G 以上，显示屏尺寸 17 寸，带 DVD 光驱。有富余 PCI 插槽，独立显卡。

(2) 桌椅　实验需要桌椅两套，每套包括一桌一椅，一个电源接线板。

(3) 注水设备　根据实验实际情况，需足够长水管和水泵一套。

(4) 工具　管钳、大扳子、卷尺。

(5) 比赛水池一个，球门两个，摄像机两架，以及摄像机所需电源线和数据线各两根（水池的详细资料在后面介绍）。

每个球门包含两个同样的构件，每个构件如图 9.2 所示，共有四个，要求能够静止在水中。尺寸：总高度 30 cm，方形板高 10 cm，长 80 cm，圆形底座直径 10 ~ 15 cm。

图 9.2　实验平台水池中的球门实物图

(6) 安装摄像头的梯子，要求能够放在水池内使用。

（7）晒衣杆一根，长度 150 cm 以上，用于拨弄实验平台水池中的机器鱼和球。

（8）无线通信频段在 400 ~ 500 MHz 之间，实验过程中的 6 个频率是（单位为 MHz）：415.562，420.100，425.426，435.516，439.537 和 444.061。

9.3 系统实验平台设备的安装及拆除

9.3.1 水池及其相关设备安装过程

因为水池是由 PVC 材料的防水布和外部固定杆（主要是用管件来实现的）等构成，而且水池上方安装有上层支架，用于固定摄像机以及安装备用灯源。整个水池及其支架包括了三层：底层、水池外围层和上方支架层。并且在底层和水池外围层有水池中层连接杆连接，中层的管件是穿入水池外围的。然后上层支架也是通过连接杆和水池相连的。其中整个水池的尺寸为 300 mm × 200 mm × 30 mm（长 × 宽 × 高），上层支架的高度为 2.8 m，其整体效果如图 9.3 所示。下面主要介绍其安装过程。

（1）在需要放置池子的地方布置好垫子，以防止水池被扎坏，其中垫子是泡沫材料的，如图 9.3 所示。每一块泡沫材料的垫子大小为 60 cm × 60 cm（长 × 宽），一个底面为 3 m × 2 m（长 × 宽）的水池需要 4 × 5 = 20 块这样的垫子。水池下面用的垫子也可以用其他东西来代替，比如地毯等，只要不直接铺在裸露地面上即可，以免扎破池子。

打开包装，将零件等摆放到地上，并且将各部分的零件分开（粗水管状的为水池外围和底部零件，而细长的钢管是水池上层支架零件），如图 9.4 所示。

（2）分好类后，选出水池底部的连接件，其中各粗管件上都会标有号码，分别为 1，2，…，10，按图 9.5 所示，顺序摆放在放好的垫子上。然后用弯角连接件以及直线型连接件，按管子上标注的 1 ~ 10 号顺序连接好，一定要按图 9.5 所示的直线型连接件位置，以及孔的方向等来连接。并且同时将水池中层连接杆接上。

（3）在第二步的基础上将管子上标有 A1 ~ A10 的管件，按第二步中 1 ~ 10 的顺序摆放好。此时在底层架子内放上水池布，并且将其长宽的方向放好，

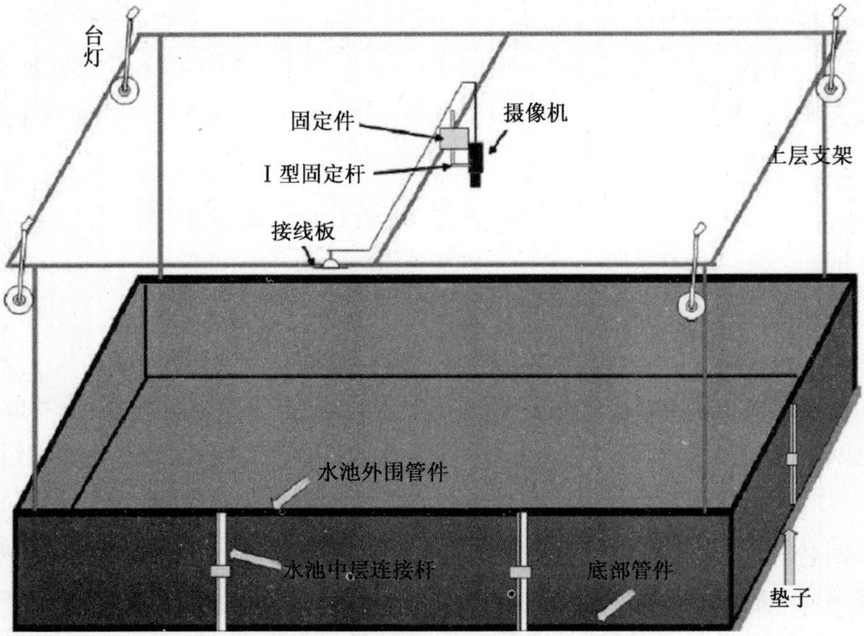

图 9.3　实验平台水池整体效果图

图 9.4　水池各种零件图

注：左上为细长的钢管，其他为粗水管和连接件。

也就是水池的长边放在底部架子的长边处。由于水池布外面是有一个可以穿管子的通孔，所以固定水池外围的管子是需要穿入水池周围的那些设计好的通孔的。其中这个过程是有起始位置的，从编号为 1 开始顺序往下安装，而且每安

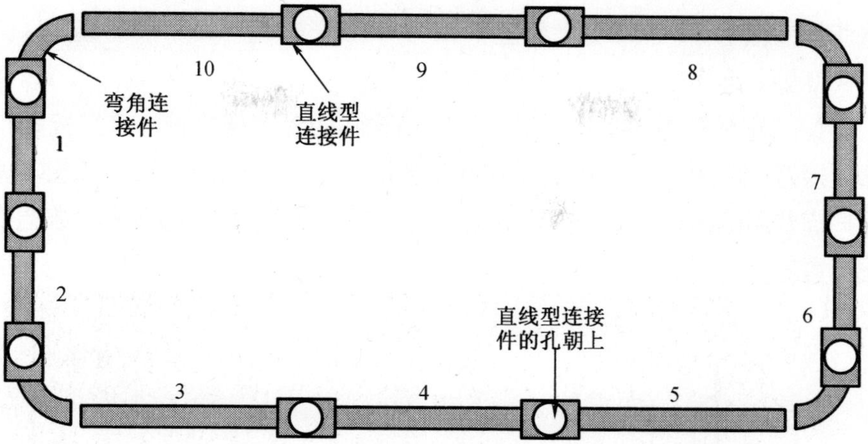

图 9.5　实验平台水池底层连接示意图

装一处管子，需要把水池中层杆和水池外围层连接好，起固定作用。需要注意的是，图 9.6 中的直线型连接件的位置和图 9.5 是不一样的，而且注意其中连接好后连接件上孔的位置。

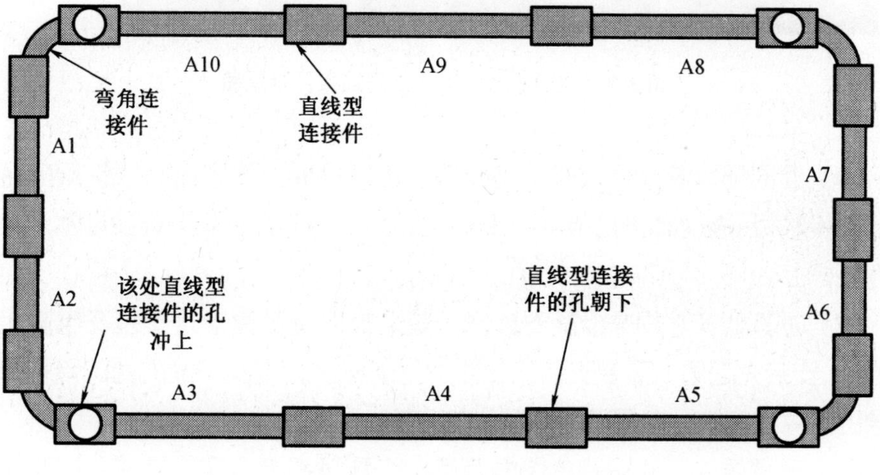

图 9.6　实验平台水池外围层连接示意图

（4）水池外围也安装好后，将四个角处连接上层支架的杆的一半连接上，因为和上层支架连接的连接杆是由两个管件相连起来的，而且都标有 A，B，

C，D 等字样，标有相同字样的两根杆是一根上层连接杆的两部分，其中 A 位于水池外围层的 A2 ~ A3 处，B 位于 A5 ~ A6 处，C 位于 A7 ~ A8 处，D 位于 A1 ~ A10 处。连接好后，水池如图 9.7 所示。

（5）选出标有如图 9.8 中所示的带有号码的上层连接杆，并且按图中的顺序连接好。同时将摄像机的固定件安装到支架上的指定位置（如图 9.9），并且把需要用的吊灯线以及摄像机需要使用的电源接线板、摄像机的数据线等一起布置好。

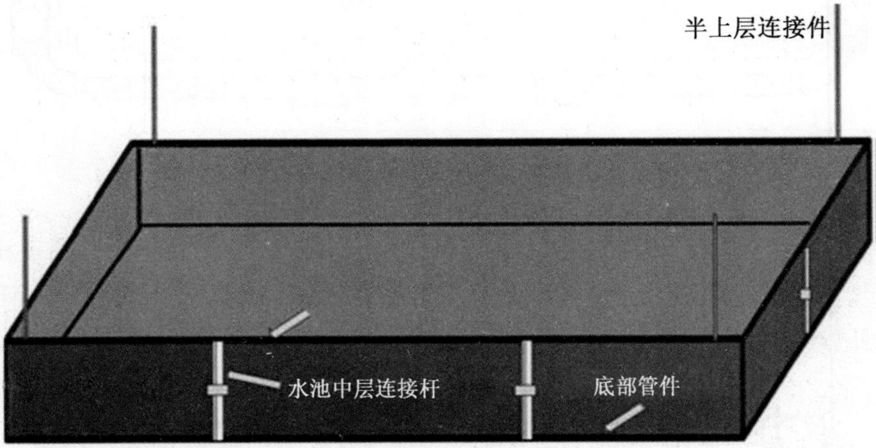

图 9.7　实验平台水池半上层连接件示意图

（6）此时可以选择将摄像机也安装在固定件处，然后在此层支架的四个角处安装好和下层水池的上半连接杆，连接好。将连接杆支架连接到水池上方的连接杆上。

（7）把其他实验相关设备安装好，如采集卡（采集卡是安装在电脑机箱中的）。安装完之后，需要安装该硬件的驱动程序，以及一些附属的查看采集图像的图片程序等，以便后面摄像头的调节。

（8）调摄像头，使识别的图像方向、位置等都符合实验要求。调整摄像头是实验顺利进行的一个重要步骤。首先将梯子放在置于水池底部之上的垫子上。注意一定要记得在水池底部放好垫子，以防止梯子把水池扎破。然后，梯子不要放在摄像头的正下方，以免挡住摄像头所能拍到的图像。调节摄像头时，首先看摄像头拍的图像在方位上是否正确，图像是否颠倒了，若颠倒则需

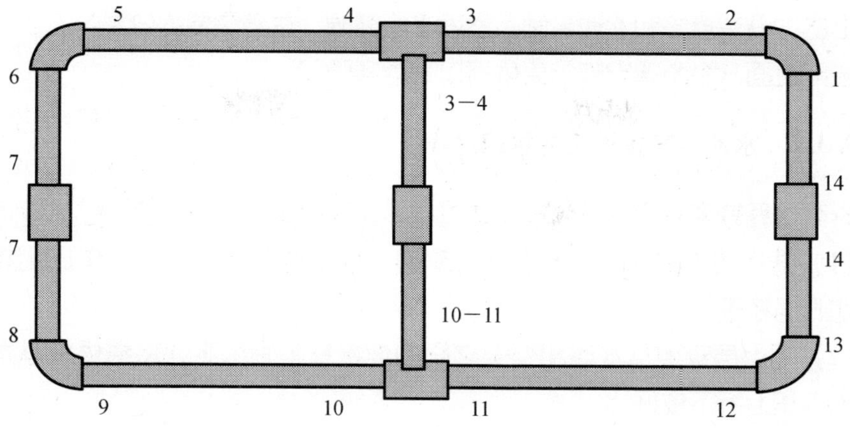

图 9.8　水池上层支架连接示意图

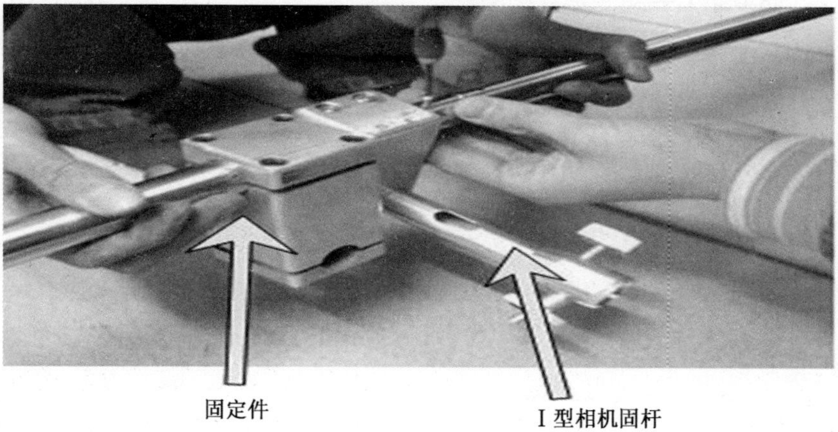

图 9.9　水池摄像机固定件实物图

将摄像机换一面来安装到固定杆上。图像方位正确后，需要先调整其拍摄区域，使得整个水池在摄像机的视野内，并且使得水池的图像是正的，不歪。在水池上边和下边，以及左边和右边都能在图像适当的位置。此时摄像机的位置可以固定了，之后就是调节摄像机的焦距和亮暗。先调节亮暗，使得图像符合识别要求，和肉眼看过去类似就可以；然后调节焦距，使得图像清晰，可以在水池中放入一小色块，以观察是否清晰。调节好后，可以在水池中放入 20 cm ~ 25 cm深的水后，再看看识别的图像是否符合要求，一般可能还需要微调。此时将梯子放入水中，并且在水中放入垫子，也就是梯子一直都是放在垫子之上的，没有直接和水池接触，然后进行微调，达到需要的效果。

按照上面八个步骤安装结束就可以进行实验了。

9.3.2 水池及其相关设备拆卸过程

拆除过程其实就是安装过程的逆过程，比较简单。

（1）把水池中的球门以及水球等拿出。把水池中的水抽干，然后用抹布把水池底面擦干。

（2）将上层支架从水池和支架之间的连接杆中间取下，将摄像机从水池上方的支架上拆下放好。

（3）将安装在上层支架的四个吊灯、数据线、电源线和接线板等拆下，然后再把各连接件拆下放好。

（4）把水池上方的连接杆取下。

（5）将水池外围的管状连接杆依次取出，并且将水池布叠好。

（6）将底层的连接杆也全部拆下放好。

（7）将电脑主机箱内的采集卡拆下。

第 10 章　多水下机器人协作控制系统软件使用说明

在第 4 章我们已经详细介绍了多水下机器人协作控制系统软件（以下简称 MuRobotSys）结构中的内在结构和功能。在本章中，我们主要是介绍 MURobotSys 的使用说明。MURobotSys 的运行环境要求如下。

操作系统：Windows XP

计算机：内存 1 G 及以上；显示器 17 寸及以上；显卡性能较好

必备软件：VS. net 2003 或以上版本（推荐 VS. net 2003 英文版）

必备硬件：大恒图像采集卡（型号 DH—CG400）；串口通信设备

10. 1　MURobotSys 运行流程

MURobotSys 主要用来实验、验证各种协作理论和算法。使用仿生机器鱼进行的多水下机器人水球比赛是本系统的一类标准应用，以下介绍均基于此类应用。

我们先通过 MURobotSys 的运行流程来简单介绍它的功能。需要注意的是，一旦开始运行，它就会以 40 ms 为周期，循环执行，从而保证 MURobotSys 的实时性。也就是说，以下所述流程是每 40 ms 执行一次的。

MURobotSys 开始运行时，首先会得到摄像头采集到的实时图像，并将其显示在用户界面的“原始图像处理”窗口中。对此时的图像，系统仅仅按照用户预先设置的图像参数进行了显示范围的截取，以及图像整体色调、亮度和饱和度的调整，而并未作进一步处理。因此，我们将此时的图像称为“原始图像”。

MURobotSys 会对原始图像进行一系列的处理，以保证处理后图像更易于被识别。同时，处理的结果会显示在用户界面的“图像预处理”窗口。由于图像还需要被进一步处理而识别出有用的信息，因此，我们称这一步为“图像预处理”，相应的，此时的图像称为“预处理后的图像”。

MURobotSys 通过一系列的算法，对处理后的图像进行二次处理，主要通过颜色特征，结合用户预先设置的颜色阈值，识别出所需要的颜色块的位置和大小。继而根据用户设置的鱼、球以及障碍物的颜色搭配（即哪两种颜色代表几号鱼、哪种颜色代表球、哪种颜色代表哪个障碍物，等等）识别出鱼、球和障碍物的位置（统称为“环境信息”）。我们称这一步为“图像识别”。图像识别之后的结果会显示在用户界面的“图像识别窗口”。此时的图像已经去除了无用部分，仅显示我们需要的各种环境信息。显然，由于 MURobotSys 的周期性，根据前后时刻的位置，我们很容易得到速度、加速度等信息。而这些正是我们编写协作策略的基本信息来源。

当得到环境信息之后，MURobotSys 会结合用户选择的策略，调用用户预先编写好的协作策略来计算出对每条鱼的控制命令。这些命令通过用户在界面上设置好的串口实时发送给机器鱼。

不难想象，MURobotSys 通过循环执行以上功能，采集实时环境信息，通过用户编制的策略对机器鱼进行实时控制，达到了验证策略，进而进行水球比赛的功能。

10.2 MURobotSys 操作说明

在 10.1 节中，我们已经通过对 MURobotSys 运行流程的介绍，让用户明白了它的功能和所实现的效果。那么这一节，我们将从操作流程的角度详尽介绍 MURobotSys 的使用。

1. 图像参数设置

图像参数设置分为两部分——图像尺寸设置和图像显示设置。

（1）图像尺寸设置　由摄像机得到的视频输入图像为 768 × 576（像素，下同），而实际中，往往我们所需的水池部分只是整个图像的一部分，因此我们需要通过图像尺寸设置裁减掉那些无用的部分。

MURobotSys 的主窗口如图 10.1 所示。首先点击图中区域①所示的“图像参数设置”按钮，调出“图像参数设置窗口”（图 10.2）；点击和区域②所示的“原始图像”按钮，调出“原始图像窗口”（图 10.3）。

图 10.2 中的区域③即为图像尺寸的四个参数。其中，X 和 Y 代表了所需范围的左上角的点在整个视频输入图像中的坐标；宽（高）代表了所需范围

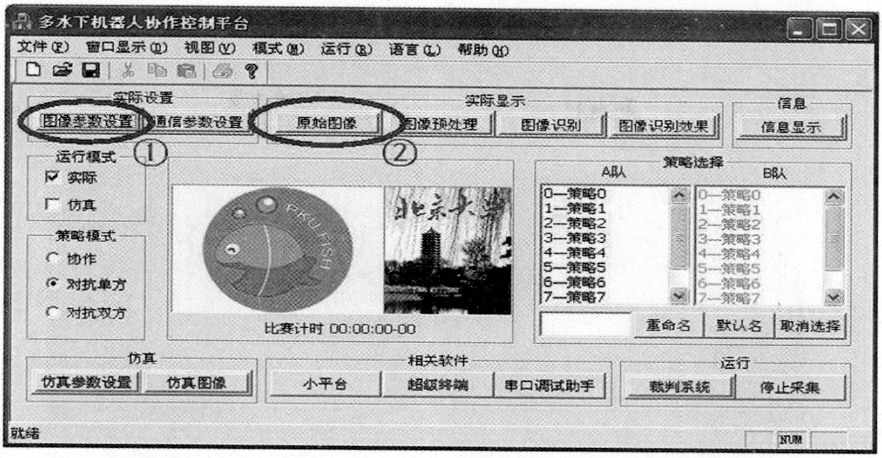

图 10.1　MURobotSys 主窗口图 I

在 x（y）坐标轴方向的长度。其中 X 的值必须是 4 的倍数，Y 的值必须是 2 的倍数。

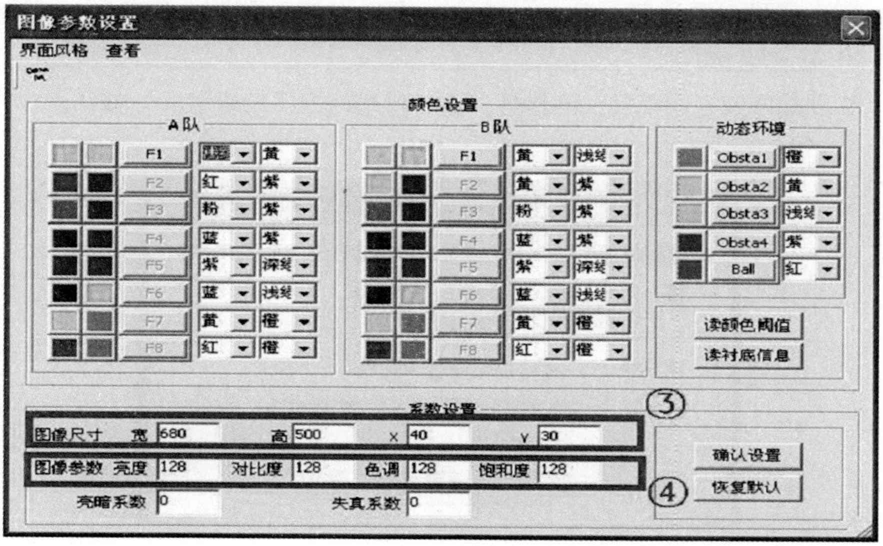

图 10.2　图像参数设置窗口图

需要特别注意的是：本系统中，通用的坐标系是以左上角为原点的左手坐标系，如图 10.3 中所示。

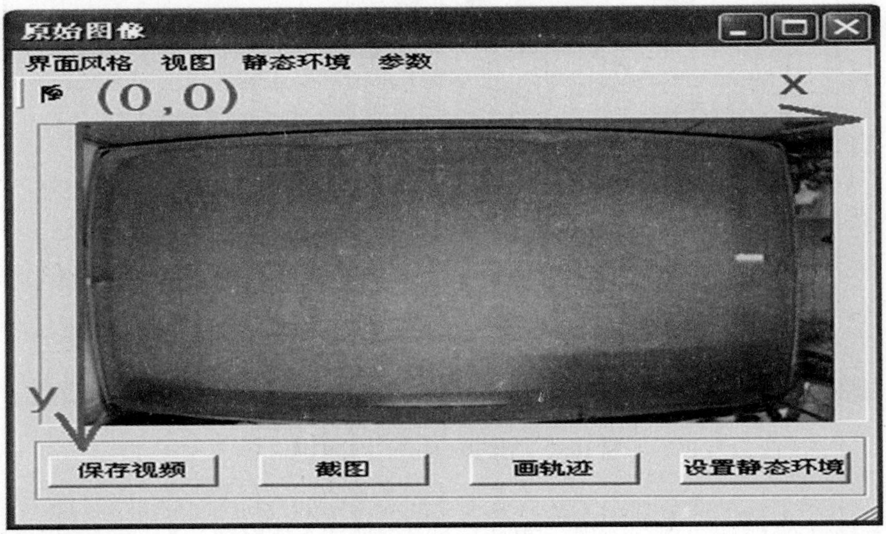

图 10.3　原始图像窗口图

输入需要的参数后，点击右侧的“确认设置”按钮，按照弹出的提示（图 10.4）执行即可。

如果需要恢复系统默认的参数，请点击右侧的“恢复默认”按钮。

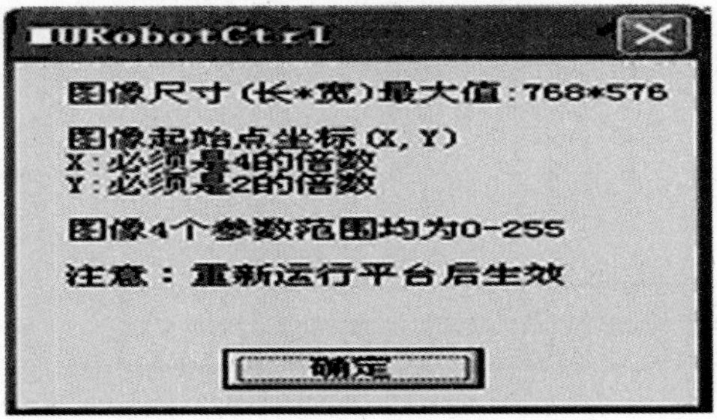

图 10.4　图像参数设置——提示窗口

（2）图像显示设置　我们知道，一幅图像的显示效果主要由亮度、对比度、色调和饱和度决定。通常默认这四个参数的值均为 128。然而由于环境特别是光线的影响，图像的显示效果往往会有一些失真而达不到我们所需要的效果。此时就需要人为对这四个参数进行调整，来得到合适的显示效果。

图 10. 2 中的区域④即为图像显示的四个参数。输入需要的参数值后，点击右侧的“确认设置”按钮，按照弹出的提示（图 10. 4）执行即可。

应注意，当点击“确认设置”按钮之后，系统会自动生成或更新 imagepara. fish 文件。此文件正是系统默认的读取图像尺寸参数和图像显示参数的文件。

图像显示参数调整的标准是，使得显示的图像的颜色与实际颜色越接近越便于识别，因此需要反复调整。同时，这一步的效果会严重影响步骤 3 颜色阈值设置的效果，因此在进行到步骤 3 时，往往会需要返回此步，再次进行图像显示设置。这在下面颜色阈值设置部分将具体介绍。

2. 设置衬底

由于 MURobotSys 的图像识别是基于颜色的，因此对光照的要求比较高，需要有均匀的光线照射。通常的解决办法是在场地上方加多个大功率的照明灯。然而，由于水环境的特殊性，水面会产生严重的反光效果，而影响图像的识别。为了在一定程度上解决光照不均的问题，MURobotSys 对图像进行了相关的处理。

首先保证水池中没有鱼和障碍物等物体，也就是所谓的“空池子”。然后点击 MURobotSys 主窗口（图 10. 5）中区域①所示的“图像预处理”按钮，调出“图像预处理”窗口（图 10. 6）。

点击图 10. 6 区域②中的菜单项“界面风格→扩展模式”，调出窗口右侧区域。点击图 10. 6 中区域③中的“采集衬底”按钮即可。

如果需要保存当前衬底，点击“保存衬底”按钮，将其保存为后缀为“. clr”的衬底文件。

如果需要调用已有的衬底文件，点击“读取衬底”按钮。

应注意，defaultsubstrate. clr 文件为系统自动生成的当前正在使用的衬底文件。

3. 颜色阈值设置

由于 MURobotSys 的图像识别是基于颜色的，更具体地说，是基于颜色在 HSL 空间的三个分量的值。其中，H 分量代表色调，S 分量代表饱和度，L 分量代表亮度。例如，我们假设红色的颜色阈值如下：

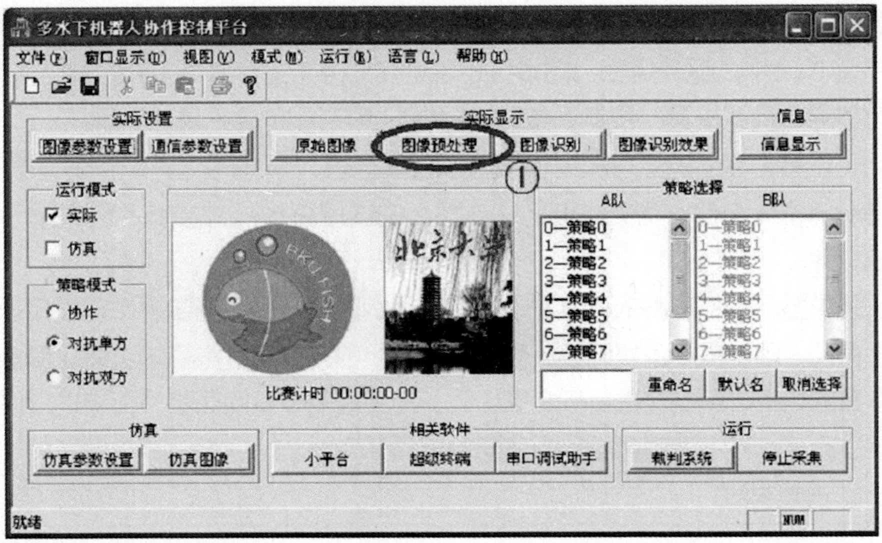

图 10.5 MURobotSys 主窗口图 II

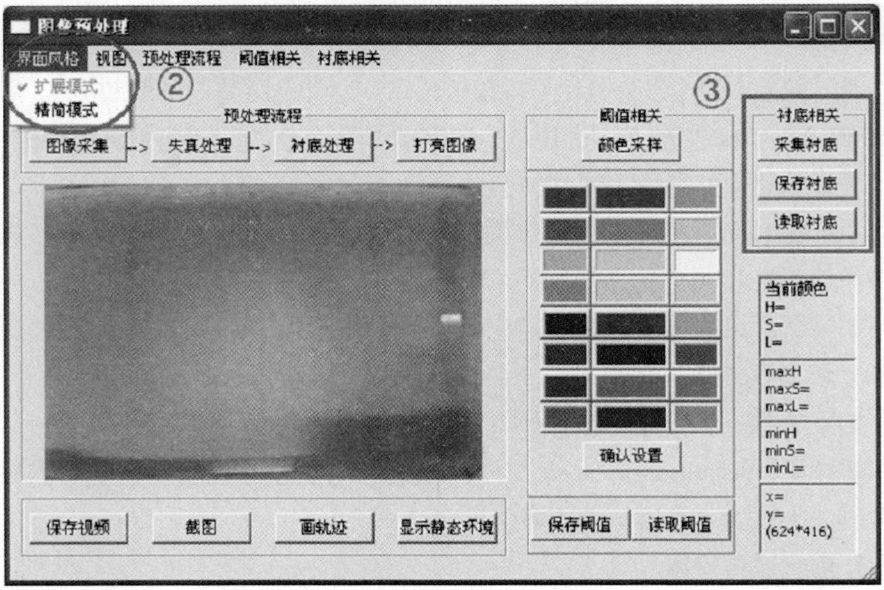

图 10.6 图像预处理窗口图

H：0～10；L：35～170；S：60～180

那么当一个颜色点的这三个颜色分量都分别处在以上范围之中时，MURobotSys 就认为这个颜色点是红色。

用户需要做的，就是根据实际情况，设定所需的每种颜色的阈值，即每种颜色三个分量的最大值和最小值。

机器鱼上贴有两块颜色不同但大小相同的长方形色标纸，其中靠近鱼头的色标被称为“前方色标”，靠近鱼尾的则被称为“后方色标”。这里的颜色采样主要就是针对鱼身上的色标以及球来进行的。

首先，对色标或球进行颜色采样，通过一些采样点的样本值，确定颜色阈值。这里，仍以红色为例说明。

从主界面中调出图像预处理窗口（图 10.7），点击区域①中的“颜色采样”按钮。此时可以看到，当鼠标移动到区域②中时，光标会变成十字形，这时就可以开始对目标颜色进行采样了。同时区域①中的按钮也会变为“停止采样”。当点击“停止采样”，鼠标会恢复成箭头状，表示退出采样状态。从点击“颜色采样”按钮进行采样，到点击“停止采样”按钮，我们称之为“一次采样过程”。

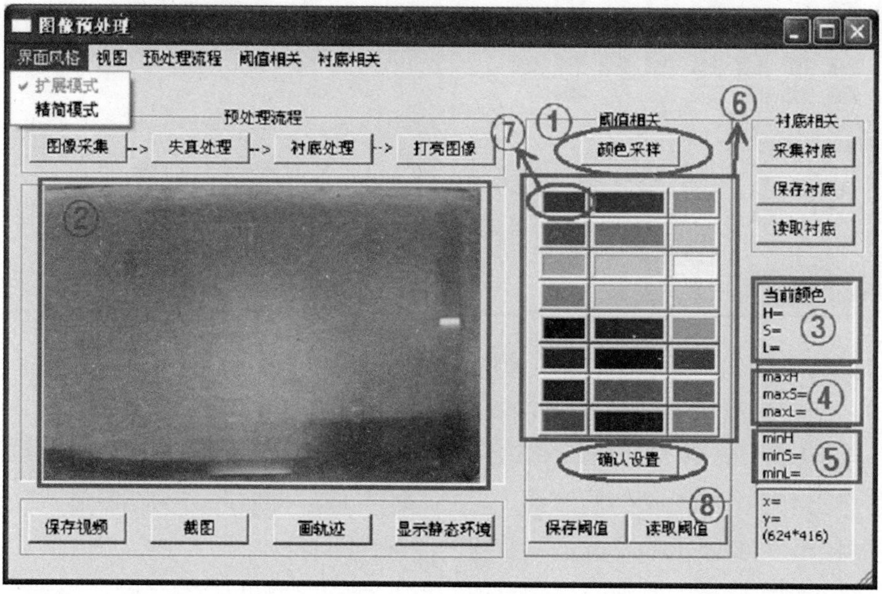

图 10.7　图像预处理窗口图

当处在采样状态中，也即鼠标在区域②中为十字形时，左键单击采样点，可以看到区域③④⑤中会显示一系列数字，其中，区域③中的值分别表示当前采样点三个分量的数值；区域④和⑤则分别表示此次采样中所有采样点的各个分量的最大值和最小值。这是我们设置颜色阈值的主要依据。

通常，用户根据区域④中的值，作适当的放大（酌情加一个数字，具体的值需要用户根据实际效果和经验进行不断调整），作为该颜色的阈值上限；同理，将区域⑤作适当缩小，作为该颜色的阈值下限。当选好阈值之后，单击“停止采样”，结束此次采样。

下面要做的就是把已选好的阈值告诉 MURobotSys。注意图 10.7 中的区域⑥，其中，每一行代表一种标准色，依次为红、橙、黄、浅绿、深绿、蓝、粉、紫八种颜色。中间的一列代表每种颜色的标准显示色，左边一列代表了该标准色的颜色阈值下限，同理，右边一列代表颜色阈值上限。

点击区域⑦所示的红色颜色下限按钮，弹出颜色窗口（图 10.8）。

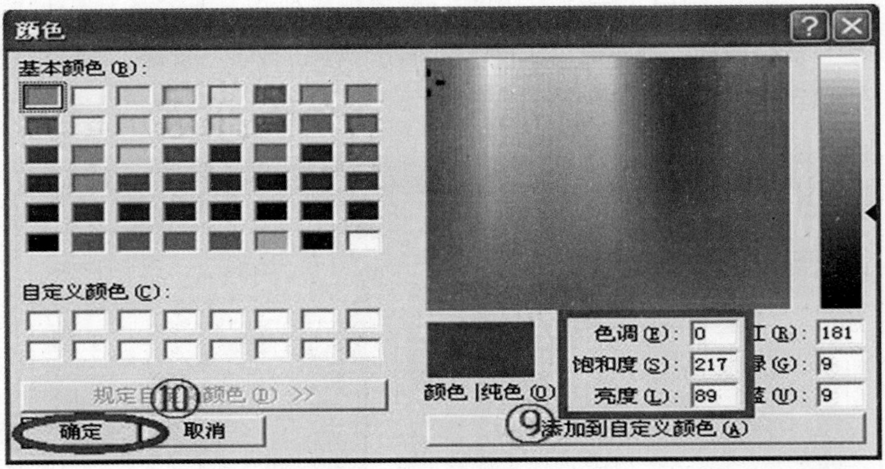

图 10.8　图像预处理——颜色设置

图 10.8 中区域⑨中的参数就是实验所需设置的颜色阈值的边界值。其中，色调对应 H 值，饱和度对应 S 值，亮度对应 L 值。把所选好的阈值输入此处，然后点击区域⑩所示的“确定”按钮进行保存即可。

当所需的颜色阈值都已设置完成之后，点击区域⑧中的“确认设置”按钮，系统会自动将当前设置的阈值信息保存为 color. clr 文件。此文件也是系统运行时默认调用颜色阈值的文件。

如果需要把当前阈值进行备份保存，可单击区域⑧下方的“保存阈值”按钮，将其保存为后缀为“. clr”的文件。

如果需要调用已有的阈值文件，点击“读取阈值”按钮，根据提示操作。

特别需要注意的是，在颜色采样中，红色的 H 值可能出现跨范围的情况，也就是 H 值的范围既有 0 ~ 10，也有 235 ~ 240，这里我们给出一种解决办法。0 ~ 10 的范围，仍然按照上面介绍的方法进行设置；而 235 ~ 240 这一部分范围则需要在源文件中修改。具体做法如下。

首先，在 VS. net 2003 编译环境下打开此工程，找到 MURobotCtrl. cpp 文件中的 CMURobotCtrlApp:: SetColorRibbon（）函数，找到如图 10. 9 所示语句。

```
if (i==0)//特殊处理红色
    for (BYTE j=235;j<=240;j++)
```

图 10. 9 源代码——颜色阈值设置

其中，235 和 240 所在位置就分别表示红色在此段范围的下限和上限。修改参数后，重新编译该工程即可。

正常情况下，只有红色的 H 值可能出现这种跨范围的情况，如果发现其他颜色的值也发生了跨范围，请返回步骤 1，进行图像显示参数的设置。直至只有红色的 H 值出现跨范围的情况或者没有任何一个颜色的任何值出现跨范围的情况，则说明此时的图像显示参数比较合适，可以继续进行颜色阈值的设置了。

另外，尽量把色标或者球放在光线条件不同的区域中进行多次采样，以保证采样效果。

4. 环境信息设置

识别出所需要的颜色块（即色标）之后，下一步就是根据色标的搭配来识别出各种物体的方位。因此，根据需要设置环境信息。

环境信息的设置在图像参数设置窗口中进行。如图 10. 10 所示，区域①和区域②为我方和对方的鱼的颜色信息搭配设置；区域③为环境中动态障碍物的信息；区域④为水球的信息。

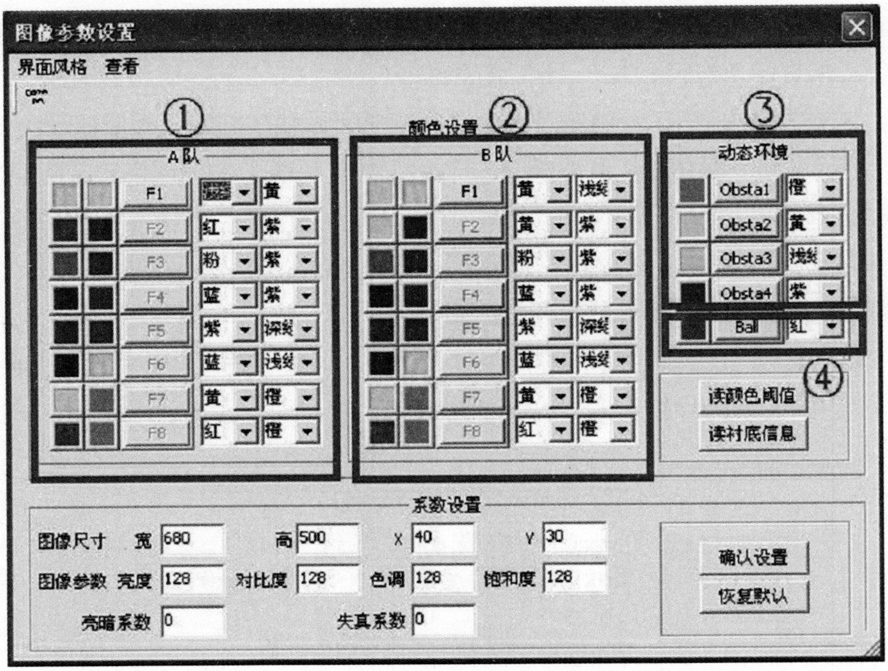

图 10.10 图像参数设置窗口图

区域②的设置主要是为了在对抗任务中识别对方的鱼，如果策略中用不到，则可以忽略此框中的设置。

这四个区域的设置方法基本类似，我们以区域①为例进行介绍。

假设现在有两条鱼，第一条的 ID 为 F3，颜色搭配为（前方）黄 +（后方）红；第二条的 ID 为 F5，颜色搭配为（前方）黄 +（后方）浅绿。

首先，左键单击第一行第三列的按钮，此时，第二行第三列的按钮变为可点击，左键单击该按钮。这时表示已经有两条鱼被选中。

然后，右键单击第一行第三列的按钮，在弹出的小菜单上选择菜单项“F3”，可看到该按钮显示的文字已经变为“F3”。同理，改变下面那个按钮的文字为“F5”。这时已经把两条鱼的 ID 分别与实际的机器鱼 ID 对应起来。

最后，在第一行第四列和第五列的下拉列表中分别选择第一条鱼的前方颜色黄色和后方颜色浅绿色。第二条鱼的颜色的搭配也同理。

另外三个区域的操作基本同理。但是不用设置 ID 号，更为简单。

要说明的一点是，我们把八种标准颜色分成前方颜色和后方颜色，以方便确定鱼的方向。每条鱼的颜色搭配必须是前方颜色和后方颜色的组合。

哪种颜色属于前方颜色，哪种颜色属于后方颜色，可自由设定。具体做法如下。

首先，仍然在 VS. net 2003 编译环境下打开此工程，找到 RecogAlgorithm. cpp 文件中的 CRecogAlgorithm:: recognize 函数，找到如图 10. 11 所示语句。

```
switch (color)
{
case 1://红色
     r=200;
     g=3;
     b=3;
     biscolor=FALSE;//不属于前方颜色标志
     break;
case 2://橙色
     r=250;
     g=110;
     b=20;
     break;
case 4://黄色
     r=220;
     g=220;
     b=25;
     break;
case 8://浅绿
     r=100;
     g=240;
     b=70;
     biscolor=FALSE;//不属于前方颜色标志
     break;
```

图 10. 11　源程序——前方颜色设置

按照注释进行修改即可。也就是说，假设红色为后方颜色，那么我们就在红色对应的 case 语句中，添加 “biscolor = FALSE;”；而黄色属于前方颜色，则黄色对应的 case 语句中没有 “biscolor = FALSE;”。修改后，重新编译该工程即可。

5. 策略编写

策略的编写是此系统所需要做的最核心的工作。MURobotSys 提供了通用性很强的接口，仅要求有一定的 C ++ 基础即可应用此系统进行策略编写。

首先，仍然在 VS. net 2003 编译环境下打开此工程。尽管该系统文件非常多，但是需要关注的、与策略编写相关的只有两类：CStrategy 和 CFishInfo，对应 Strategy. h/. cpp 和 FishInfo. h/. cpp 文件。

其中 CStrategy 类可自由编写策略，系统提供的通用接口除了策略的输入参数之外，还包括 CFishInfo 类中的各种信息和基本操作。同时也可在 CFishInfo 类中自由添加所需要的函数。

根据这两个类中的参数函数，编写自己的策略函数就可以了。详细解释在源文件的注释中已讲得非常清楚。

需要补充的是，CStrategy 类中提供的 Strategy0 到 Strategy9 这 10 个策略函数的函数名是不能够更改的，它们分别对应主界面中的策略 0 至 9。依照用户的选择，每次只能够执行一个。

6. 通信参数设置

点击 MURobotSys 主窗口（图 10. 12）中区域①所示的“通信参数设置”按钮，调出“通信参数设置”窗口（图 10. 13）。

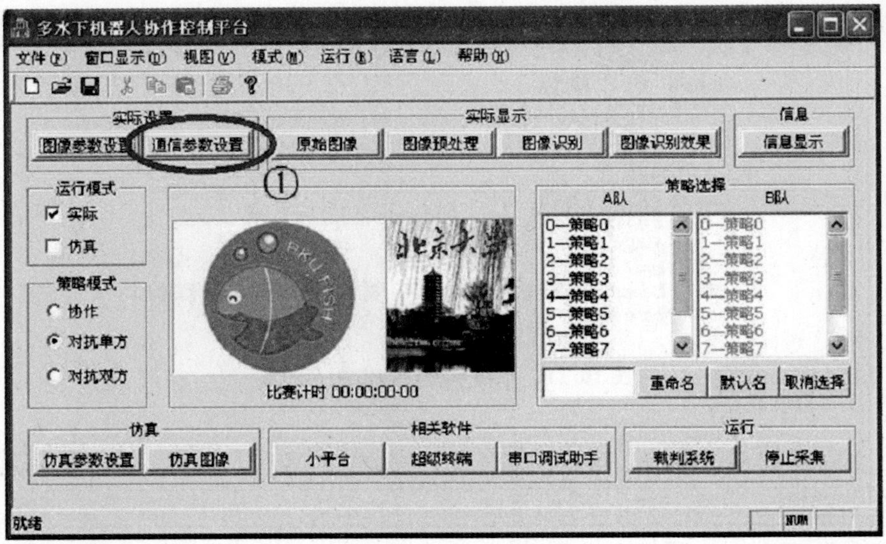

图 10. 12　MURobotSys 主窗口图Ⅲ

在图 10. 13 中，区域①和②分别表示我方和对方的通信参数设置；区域③中的两个文字框分别代表区域①和②中设置的串口所接收到的数据。

该系统提供了在一台电脑上同时控制两方机器鱼的功能（当然，此时需要有两个串口），区域②即是为此功能而设置，用不到此功能时，可以忽略此框中的设置。

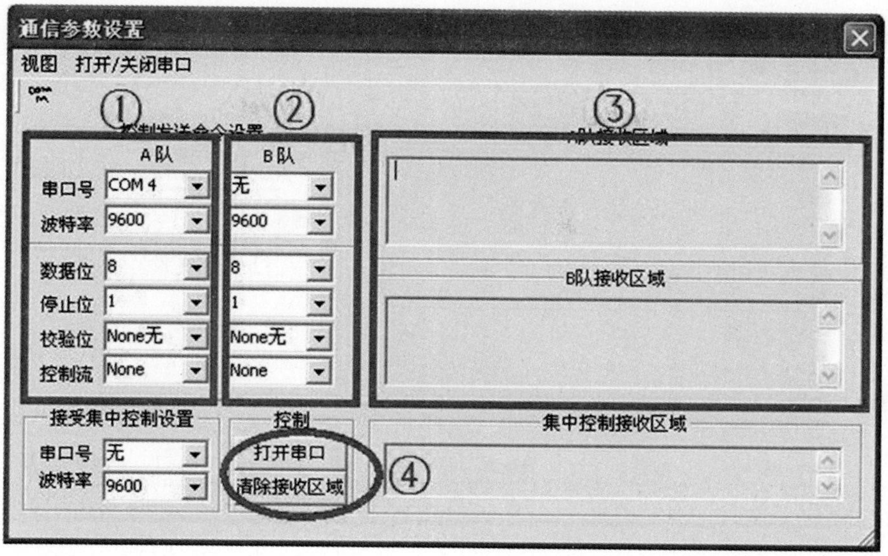

图 10.13 通信参数设置窗口图

根据机器鱼的实际情况选择相符的通信参数，点击区域④中的“打开串口”按钮。此时，该系统便可以通过所设置的串口与机器鱼进行通信。同时可以看到，此按钮上的文字变为“关闭串口”。在此点击，串口即被关闭。

区域④中的“清除接收区域”按钮，用来清空区域③中的内容，方便观察串口返回的信息。

7. 静态环境设置

从 MURobotSys 的主窗口中调出“原始图像窗口”（图 10.14）。

点击区域①中的菜单项“界面风格→扩展模式”，调出窗口右侧区域；或者点击区域②中的“开始设置”按钮，也有同样的效果。选择区域③中的“通道”，进入球门设置状态。在“宽”一栏中输入期望的球门宽度。在期望的球门中心的位置单击鼠标左键，此时会看到区域④中显示该点的精确坐标，可在此处对球门位置作微调。然后单击区域⑤中的“确认设置”进行确定。如果设置错误，则可单机“删除设置”，继而重新设置。

设置结束之后，单击区域②中的“停止设置”按钮即可。

需要说明的一点是，此处的坐标以及球门宽度的值均为相对值，也就是把当前图像看作 624 × 345 之后的相对数值。

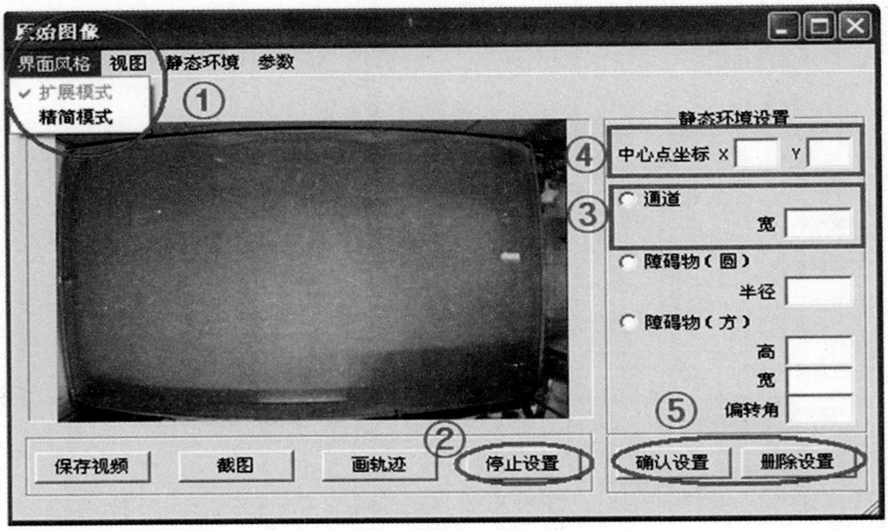

图 10.14　原始图像窗口图

8. 策略选择

如图 10.15 所示，区域①中的单选框表示策略模式的选择，如果所用策略仅为协作，则选择“协作”选项；如果是在对抗情形下，但该系统只需要控制一方的鱼，则选择“对抗单方”选项；如果是在对抗情形下，并且该系统

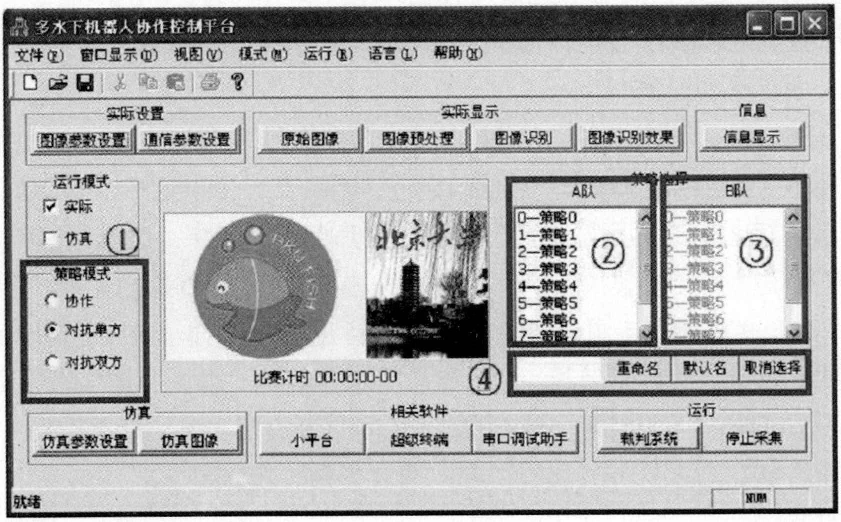

图 10.15　MURobotSys 主窗口图Ⅳ

需要同时控制双方的鱼，那么选择“对抗双方”选项。

区域②和③则分别代表两方选择的策略，如果在“协作”或“对抗单方”的条件下，区域③自动失效，不予考虑。前面曾提到过，这里的策略 0 到策略 9 与编写的策略函数 Strategy0 到 Strategy9 一一对应。选中所需执行的策略即可。

为了便于使用，可以通过区域④中的输入框和按键，按照自己的习惯，为自己编写的策略设置一个便于分辨的名字。

当点击“重命名”按钮之后，系统会自动生成或更新 imagepara. fish 文件。此文件正是系统默认的读取策略名称的文件。

9. 执行策略

完成步骤 1 到步骤 8 之后，就可以执行策略了。

首先，单击主窗口（图 10. 16）的区域①中的“开始执行”按钮。如果按钮上的文字不是“开始执行”，仍然单击，直到它显示为“开始执行”，再单击一次即可。此时策略开始运行，而该按钮上的文字已变成“停止执行”。再次单击该按钮就可以结束此次策略的运行。

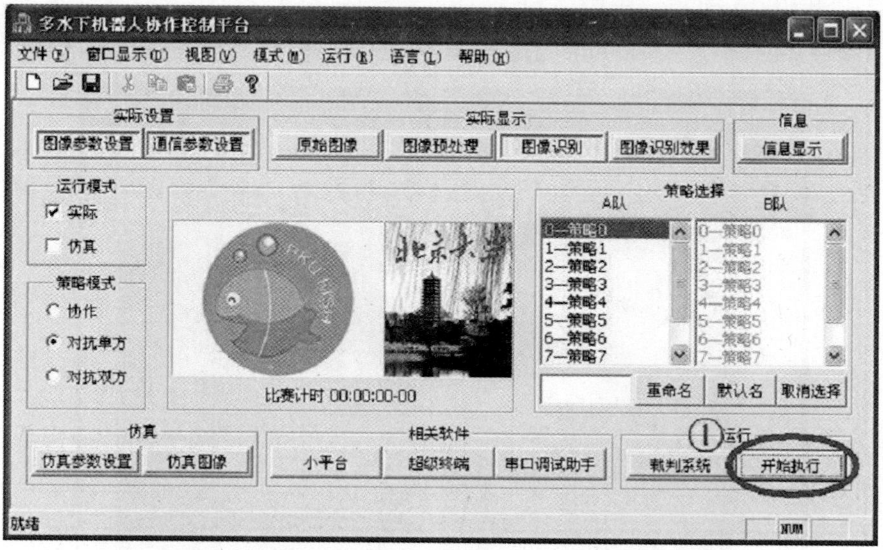

图 10. 16　MURobotSys 主窗口图 V

当策略执行时，会自动弹出“信息显示窗口”（图 10. 17）。机器鱼的相关信息将会显示在此窗口中，方便用户观察、调试和记录。

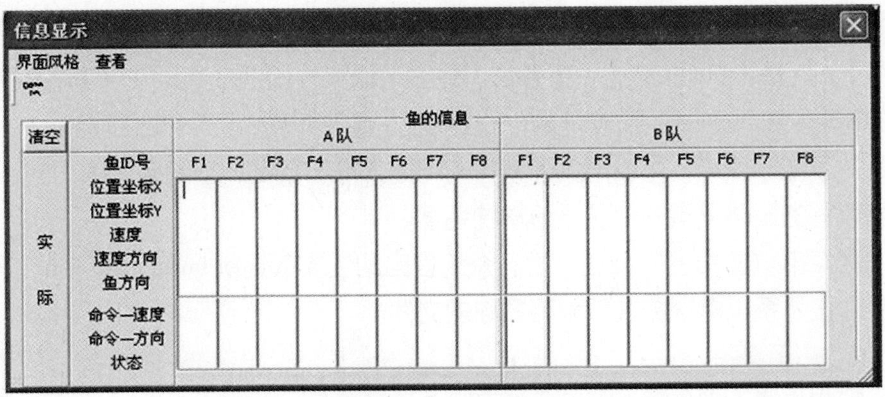

图 10.17 信息显示窗口图

10. 录像功能

为方便记录实验数据和效果，MURobotSys 还提供了录像功能，能够随时保存视频或者截图。

如图 10.18 所示，点击区域①中的“保存视频”按钮，根据提示操作，即可保存实时视频信息。而点击区域②中的“截图”按钮，当前的图像即会

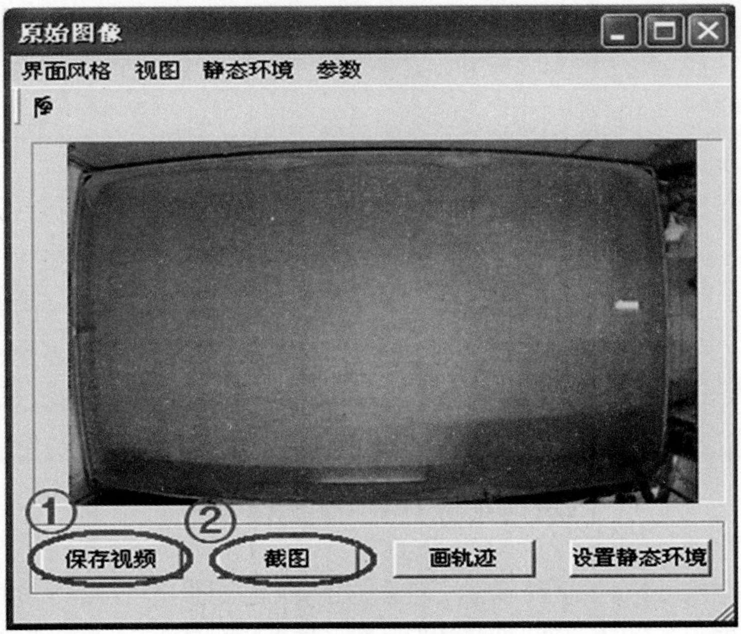

图 10.18 原始图像

被保存在与该系统同一个根目录下的“截图”文件夹中，并自动以当前系统时间命名且精确到毫秒（例如“原始图像（17－01－51－844）. bmp”，表示截图的时间为 17：01：51）。

第 11 章　多水下机器人协作系统常见问题

11.1　串口相关

Q1：为什么打开串口时，会提示“打开串口失败”？

A1：请先查看电脑上是否存在所选择 COM 号。

具体方法：我的电脑（右键单击）→属性→硬件→设备管理器→端口。若存在，则检查是否有其他程序正在使用该串口，关闭其他程序即可。

11.2　系统运行相关

Q1：为什么程序无法在我的电脑上打开，提示缺少文件?

A1：请安装采集卡驱动。

具体方法：我的电脑（右键单击）→属性→硬件→设备管理器。

附录　名词解释

裁判员　运动竞赛过程中，依据竞赛规程和竞赛规则评定运动员（队）成绩、胜负和名次的人员。裁判员既是竞赛中的“执法人员”，又是竞赛进行的组织者和领导者。

职责及要求：裁判员水平的高低直接影响运动员技术、战术的发挥，也直接影响比赛的效果。裁判员应该具备以下条件：

一、有高尚的道德品质，作风正派，坚持原则，公正无私，严肃认真，对所有运动员一视同仁。

二、精通本项比赛的规程和规则，善于把规则精神运用到比赛中去。了解本专项当今世界的技术、战术发展趋势，不断进行观念和知识的更新，以提高裁判水平。

三、谦虚谨慎，虚心听取不同意见，善于向别人学习，尊重他人，团结协作。

四、有严格的组织纪律观念。

五、有健康的身体，临场裁判时能够精神饱满地完成裁判工作任务。

教练员　教练员是运动训练的直接组织者和指导者，承担着培养、训练运动员的主要任务，对促进运动员的全面发展，实现运动训练的目标起着主导作用。

职责及要求：

一、教练员必须具备与其所承担的训练任务相适应的思想素质和业务素质。其基本条件为具有牢固的政治思想基础，强烈的事业心和高度的责任感，具有合理的知识结构，较高的专项技术水平和良好的心理品质。

二、教练员应自觉地履行其职责，严肃训练纪律，认真制订训练计划，科学选择训练手段和方案，严格管理，努力完成训练计划，实现训练目标。

三、做好平时训练考勤，赛前准备，临场指挥，赛后总结的各项工作。

四、严格管理教育，加强思想政治工作，关心运动员的全面发展。做到发扬民主，爱护运动员，不打骂和污辱运动员，并以身作则，在训练、学习、生活等方面作运动员的表率。

五、教练员应不断地加强学习，提高自身的理论水平、运动技术水平等综合素质。

运动员 专业运动项目中出色异于一般的高水平人员。

职责及要求：

一、参赛运动员必须佩带号码参加比赛，无号码者不得参加比赛。

二、参赛运动员必须按报名顺序参加比赛，不许弄虚作假，冒名顶替，如有发现取消比赛资格。

三、报名者的参赛项目不得更改。如有差错以原始报名表为准。

四、参赛运动员必须身着运动装参加比赛，否则不得参加比赛。

五、参赛运动员要尊重裁判，服从裁判。不得当场顶撞裁判，更不得寻衅滋事，妨碍裁判员工作。

六、遵守比赛规则，确保安全第一。要把安全工作贯穿在整个体育运动的全过程和各个方面。运动员不得违反规则。

后　　记

素质体育机器人运动是一项利国利民的伟大工程。为了促进素质体育机器人运动的发展，提高国民综合素质，提升国家科学技术和教育水平，全国素质体育机器人运动组委会特委托北京大学专门开发了机器人竞赛系列教材，并展开相应网络课程教学。本教材属于水中专项（机器鱼）系列，该系列共分全局视觉、自主视觉和2D仿真三大类别，详细地介绍了相关机器人竞赛的科学原理、技术方法和竞赛规程等。

多机器鱼系统是中国素质体育机器人运动会水中专项运动全局视觉组竞赛项目所指定的标准竞赛器械和软件、硬件系统。本书全面系统地介绍了多机器鱼协作系统的整体结构、机械结构、硬件系统、运动控制与优化等内容。本书适用于参加中国素质体育机器人运动会水中专项运动全局视觉组竞赛项目的所有教练员、裁判员和运动员，也适合机器人爱好者参考学习。

编者在此感谢北京大学智能控制实验室已毕业和在读的研究生们为完成本书所作的重要贡献，感谢国家自然科学基金委员会的大力支持。

由于编写时间和编者水平有限，书中不足和遗漏之处在所难免，欢迎读者批评指正。

谢广明

北大中关园

2013 年 4 月